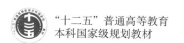"十二五"普通高等教育
本科国家级规划教材

全国优秀教材
二等奖

材料力学（Ⅱ）

第6版

孙训方　方孝淑　关来泰　编
胡增强　郭　力　江晓禹　修订

高等教育出版社·北京

内容提要

本教材第 1 版于 1979 年出版,至今已再版 5 次,曾获全国普通高等学校优秀教材一等奖,是高校土木类等专业材料力学课程广泛采用的教材。

本教材第 6 版是在第 5 版("十二五"普通高等教育本科国家级规划教材)的基础上修订而成的。此次修订,保留了第 5 版概念准确、说理透彻、内容丰富的特点,对书中部分内容进行了修改,增删了部分例题,并增加了配套的数字资源,读者通过扫描书上的二维码即可链接相关的数字资源观看学习。

本教材第 6 版仍分为 I、II 两册,《材料力学(I)》包含了材料力学的基本内容,可供 50~60 学时的材料力学课程选用;《材料力学(II)》包含了材料力学较为深入的内容,为有潜力的学生留有深入学习的余地。

本书为《材料力学(II)》,共七章,内容包括:弯曲问题的进一步研究、考虑材料塑性的极限分析、能量法、压杆稳定问题的进一步研究、应变分析·电阻应变计法基础、动载荷·交变应力、材料力学性能的进一步研究。

本书可作为高等学校土木、水利类等专业材料力学课程的教材,亦可供有关工程技术人员参考。

图书在版编目(CIP)数据

材料力学. II / 孙训方,方孝淑,关来泰编;胡增强,郭力,江晓禹修订. ——6 版. ——北京:高等教育出版社,2019.2(2022.12 重印)
 ISBN 978—7—04—051232—8

 I. ①材…　II. ①孙… ②方… ③关… ④胡… ⑤郭… ⑥江…　III. ①材料力学－高等学校－教材　IV. ①TB301

中国版本图书馆 CIP 数据核字(2019)第 011336 号

| 策划编辑 | 黄　强 | 责任编辑 | 黄　强 | 封面设计 | 赵　阳 | 版式设计 | 徐艳妮 |
| 插图绘制 | 于　博 | 责任校对 | 吕红颖 | 责任印制 | 赵　振 | | |

出版发行	高等教育出版社	网　址	http://www.hep.edu.cn
社　址	北京市西城区德外大街 4 号		http://www.hep.com.cn
邮政编码	100120	网上订购	http://www.hepmall.com.cn
印　刷	高教社(天津)印务有限公司		http://www.hepmall.com
开　本	787mm×960mm　1/16		http://www.hepmall.cn
印　张	14.25	版　次	1979 年 4 月第 1 版
字　数	280 千字		2019 年 2 月第 6 版
购书热线	010—58581118	印　次	2022 年 12 月第 9 次印刷
咨询电话	400—810—0598	定　价	29.80 元

本书如有缺页、倒页、脱页等质量问题,请到所购图书销售部门联系调换
版权所有　侵权必究
物 料 号　51232—A0

材料力学

第6版

1 计算机访问http://abook.hep.com.cn/1237676, 或手机扫描二维码、下载并安装Abook应用。

2 注册并登录, 进入"我的课程"。

3 输入封底数字课程账号(20位密码, 刮开涂层可见), 或通过Abook应用扫描封底数字课程账号二维码, 完成课程绑定。

4 单击"进入课程"按钮, 开始本数字课程的学习。

　　课程绑定后一年为数字课程使用有效期。受硬件限制, 部分内容无法在手机端显示, 请按提示通过计算机访问学习。

　　如有使用问题, 请发邮件至abook@hep.com.cn。

扫描二维码
下载Abook应用

第 6 版序言

本教材的第 5 版于 2009 年 7 月出版以来,得到广大高校师生的肯定。为了保持教材的连续性,第 6 版在第 5 版的基础上进行了修订,仍保持了第 5 版概念清晰、说理透彻、内容丰富详实的风格和特色。第 6 版保留了《材料力学(Ⅰ)》和《材料力学(Ⅱ)》相对独立的体系,在广泛征求了工科院校材料力学课程教师意见的基础上,同时为了体现材料力学内容的与时俱进,此次修订主要进行了以下几方面的工作:

1. 在《材料力学(Ⅰ)》的第五章增加了"矩-面积定理·梁挠曲线的几何性质"的内容,介绍了矩-面积第一定理和第二定理,利用弯矩图,可以求解梁中两个截面间的相对转角和挠度。

2. 通过二维码的方式,增加了相关的数字资源:包括演示实验视频,描述基本概念的动画,以及一些工程构件的图片等素材。

3. 用规范化的语言,修订了一些基本概念的表述,同时改正了第 5 版教材中的一些印刷错误。

4. 依据最新的规范和标准,更新了相关的计算公式和数据表格,相应的例题和习题也做了修订。

参加第 6 版修订工作的有东南大学胡增强教授、郭力教授,西南交通大学江晓禹教授,并由胡增强教授主持修订工作。南京航空航天大学邓宗白教授对书稿进行了认真、细致的审阅,并提出了很多建设性的意见,为提升第 6 版教材的质量做出了贡献,特此致谢。此外,东南大学乔玲教授、王莹教授,西南交通大学龚晖教授、葛玉梅教授,以及众多兄弟院校的同仁对第 6 版教材的修订工作均提供了很多宝贵的意见和建议,谨此一并致谢。

限于修订者的水平,书中可能存在疏漏和不当之处,敬请使用本教材的广大师生和读者提出宝贵意见和建议。

修订者

2018 年 11 月

第5版序言

本教材的第4版于2002年8月出版以来,得到广大高等工科院校力学教师的认同而被选用。第5版在保留原教材概念深入浅出,说理透彻,内容丰富、翔实的特色,以及保持教材连续性的基础上进行了修订,同时广泛征求了工科院校材料力学教师的意见。第5版的体系仍保持为相对独立的《材料力学(Ⅰ)》和《材料力学(Ⅱ)》,主要进行了以下几方面的工作:

1. 将《材料力学(Ⅰ)》第一章中的"材料力学与生产实践的关系"改写为"材料力学发展概述",以便读者对材料力学的建立和发展有个大致的概貌。

2. 在《材料力学(Ⅰ)》第二章"轴向拉伸和压缩"中,编入了可靠性设计的概念,使学生对可靠性原理在结构设计中的应用,能有初步的基本了解。

3. 在《材料力学(Ⅰ)》第五章的"梁挠曲线的初参数方程"中引入了奇异函数,使初参数方程更具有普遍性,从而适用于梁在各种荷载作用下的位移计算。

4. 对于思考题,适当删减类似名词解释的题目,增加一些具有启发、思考性的题目,以深化对基本概念和基本理论的理解。

5. 对于例题和习题,适当减少简单套用公式的"基本题",增设一些联系工程实际和较为深入的题目,以培养学生分析问题、解决问题和综合、创新的能力,并在例题中列出了解题步骤,以明确解题思路。对于较为深入的习题(带星号),给出了"提示",以期有助于读者分析、思考。

6. 第5版对文字叙述进行了全面修订,力求简练、确切、规范、严谨。

除了以上几方面外,本书第5版根据国家标准的更新,也进行了相应的修订。

参加第5版修订工作的有胡增强、郭力(东南大学)和江晓禹(西南交通大学),并由胡增强主持修订。大连理工大学郑芳怀教授对书稿进行了认真、细致的审阅,并提出了很多建设性的意见,为提高第5版教材的质量作出了贡献,特此致谢。此外,东南大学钱伯勤教授、西南交通大学葛玉梅教授、江苏科技大学景荣春教授及众多兄弟院校的同仁对第5版的修订工作均提供了不少宝贵的意见,谨此一并致谢。

    希望采用本教材的广大教师和读者,对使用中发现的问题,提出宝贵意见和建议,以利于今后再次修订,使之更臻完善。

修订者

2008 年 10 月

第4版序言

本教材的第 1 版于 1979 年 4 月出版,第 2 版于 1987 年 4 月出版,第 3 版于 1994 年 9 月出版。第 3 版教材于 1996 年获国家教育委员会第三届全国普通高等学校优秀教材一等奖,并被台湾和香港地区的大学选用,由台湾科技图书股份有限公司出版繁体字版。随着科学技术的发展和教育改革的深入,为更好地适应当前的教学要求,编者在征集高校材料力学教师意见的基础上,于 2000 年 7 月开始对第 3 版进行了修订。第 4 版在保留原版概念深入浅出、内容丰富的特色,以及相邻两版间的连续性的基础上,将原书的上、下册修订为相对独立的《材料力学(Ⅰ)》和《材料力学(Ⅱ)》。《材料力学(Ⅰ)》包含了材料力学的基本内容,以适应 50~60 学时材料力学课程的教学需要;《材料力学(Ⅱ)》包含了材料力学较为深入的内容,补充较多学时材料力学课程的教学要求的内容,以及为有潜力的学生留有深入学习的余地。第 4 版主要作了如下工作:

1. 拉压、扭转和弯曲的超静定问题集中成独立的一章,以使对超静定问题的解法有统一的认识。

2. 应力状态和强度理论合并成一章,既使篇幅较为紧凑,也明确了讨论问题的目的性以及两者的内在联系。

3. 组合变形与连接部分的计算合并成一章,除精简篇幅外,使这一章成为在基本变形后,求解工程实际问题的内容。

4. 考虑材料塑性的极限分析集中成章,除极限扭矩和极限弯矩外,增加了拉压杆系极限荷载的内容,并放入《材料力学(Ⅱ)》中,以使对材料的塑性和考虑材料塑性的极限分析有较为全面、完整的认识,且便于教学安排。

5. 应变分析和电阻应变计法基础合并成一章,删去了原来实验应力分析基础中的光弹性法和全息光弹性法的内容,以适应当前的教学实践。

第 4 版对教材的文字叙述、例题、思考题和习题设置进行了适当精简,着重课程的教学基本要求,有利于培养学生的能力,提高教材的适用面。第 4 版中的名词术语、量和单位的名称、符号及书写规则等,根据国家标准作了全面修订。

第 4 版修订的指导思想和修订大纲,由孙训方教授(西南交通大学)确定,具体的修订工作由胡增强教授(东南大学)执笔完成。北京航空航天大学单辉祖教授对书稿进行了审阅,并提出了很多宝贵意见,为提高第4版教材的质量作出了贡献,特此致谢。

　　希望采用本教材的广大教师和读者,对使用中发现的问题,提出宝贵意见和建议,以利于今后再次修订,使之更臻完善。

修订者

2001 年 10 月

第3版序言

　　这套教材的第 1 版于 1979 年 4 月出版,第 2 版于 1987 年 4 月出版。在第 2 版中主要删去了断裂力学基础一章,其余仅作了少量的修改和勘误。在本书十多年的使用过程中,国家教委制订了"材料力学课程教学基本要求",国家颁布了新版的"钢结构设计规范""木结构设计规范"等。因此,本书的一些内容已不太适应目前的教学需要。在广泛征求工科院校材料力学教师意见的基础上,编者于 1991 年 6 月开始对第 2 版进行了修订。为了维持原书的特色,并避免相邻两版间的突变,第 3 版主要作了如下工作:

　　1. 弯曲问题中有些属于进一步研究的内容,集中起来另立一章。这样便于教师根据教学要求选用,可以完全不讲,也可以选讲其中的部分节、段。为此,该章中各节均加上 * 号。

　　2. 剪切与连接件的计算独立成章,并安排在拉压、扭转、弯曲变形各章之后,以便讲授受扭和受弯构件连接部分的计算。

　　3. 在强度理论一章中,编入了我国学者首创的双剪应力强度理论。由于该理论目前正在进一步发展,并尚未纳入有关规范,因而,本书主要介绍该理论的基本原理及依据,并给出相应的强度判据。对其适用范围则未详加讨论。

　　4. 压杆稳定分成两章。前一章属于基本要求的内容,原书中的压杆稳定系数表及有关曲线,以新版的钢结构和木结构设计规范中的稳定系数表和计算公式代替。当然,在引用有关设计规范时,以有代表性的材料(如 Q235 钢①)为限,主要给初学者一个概念。后一章是压杆稳定问题的进一步研究,以及其他弹性稳定问题的简介。这些内容对于理解弹性失稳的物理实质及拓宽知识面是很有好处的,供教师和学生选用。因而,该章的各节均加上 * 号。

　　5. 在能量方法一章中,把重点放在应变能概念和卡氏定理及其应用上,而把虚功原理及单位力法放在后面,并加上 * 号。这主要是考虑与后续的结构力学课程相衔接。对于无结构力学课程的专业,可仍以虚功原理和单位力法为主。

　　6. 有关动荷载的内容从基本变形的各章中集中起来,并与交变应力合并编

---

　　① 　Q235 钢是《碳素结构钢》(GB/T 700—2006)的钢牌号。

为一章,主要是有利于教学安排。对于疲劳破坏与疲劳强度的内容作了较大的改动,并以新版钢结构设计规范中的构件疲劳折减系数表,代替了原来的疲劳折减系数曲线和公式,以加强与钢结构中疲劳计算方法间的联系。

7. 实验应力分析与理论分析计算相辅相成,在材料力学课程中均安排了一定的实验课。为了使学生对实验应力分析有较系统的认识,仍保留了实验应力分析基础一章,且对电阻应变计法的原理及应用这一节作了较大的改动,以供学生在实验课中参考,并对全章加上 * 号。

8. 在材料力学性能的进一步研究一章的低应力脆断·断裂韧度一节中,简单介绍了线弹性断裂力学的一些基本概念,以充实该节的内容。

除了以上几方面的变动外,在第 3 版中,各章还编写了思考题,适当增加了一些例题和习题。这是为了帮助学生理解基本概念和因材施教创造条件。本书第 3 版采用高等教育出版社根据国家标准的规定和惯用情况整理的名词符号表。

参加第 3 版修订工作的有孙训方(西南交通大学)、胡增强(东南大学)、金心全(西南交通大学),并由孙训方主持修订。哈尔滨建筑工程学院的干光瑜教授对书稿进行了审阅,并提出了很多宝贵的意见,对提高第 3 版的质量作出了贡献,特此致谢。希望采用本教材的广大教师和读者,对使用中发现的问题,提出宝贵意见和建议,以利于今后再次修订,使之更臻完善。

编　者

1993 年 8 月

第 2 版序言

　　这本教材问世以来,经很多学校采用为教科书,高等教育出版社曾要求此书的编者们,根据当前的教育改革形势,对该书进行一次全面的修订。但修订本要在一两年后才能付印,而原书的纸型已不能再用。为了满足各校对此书的需要,高等教育出版社只好将原书重新排版印刷。

　　根据近年来使用这本教材的师生们反映,原书第十四章,线弹性断裂力学基础,不可能在现行教学计划所规定的学时数内讲授,而作为选修课程的断裂力学基础,近年来已有很多教本可供选用。因此,利用这次重新排版的机会,将原书第十四章及与之有关的附录 6"常用应力强度因子表",一并删去。同时,将低应力脆断·断裂韧度作为材料的力学性能,以 §13-10 的形式写进第十三章中。此外,还对原书特别是下册中的部分内容作了一些更动;对原书中排版的不当处也尽量作了更正。

　　希望采用这本教材的广大教师和读者在使用此重排本后能继续给我们提出宝贵意见,在本书修订时加以改进。

编　者

1986 年 7 月

第1版序言

本书是根据 1977 年 11 月教育部委托召开的高等学校工科基础课力学教材会议上讨论的土建类专业多学时类型的《材料力学》教材编写大纲编写的。同时,在内容上也适当地照顾到其他专业的需要,因此,只需将引例和例题略加增删或改动,并对个别专题的内容加以补充,本书也可用作其他专业多学时类型"材料力学"课程的试用教材。

在本书的基本部分中,较多地引用了 1964—1965 年孙训方、方孝淑、陆耀洪编写的《材料力学》一书的有关内容,但按上述编写大纲的要求和一些兄弟院校材料力学教师的意见,作了必要的增删和修改。例如删去了动荷载一章,而将其主要内容作为例题安排在第二、三、五等章中,这样既可使读者从基本变形形式开始就接触到动荷载问题,又能及时将基本变形形式中的能量概念用于计算,以加深对能量方法的理解。此外,在对问题的分析方面还作了必要的充实,并增加了较多的例题。在各章后附上了习题,习题答案在附录中给出。这样的安排都是为使本书更便于自学。

本书除了对基本变形形式下的内力分析、应力计算公式的推导及其适用的条件性,以及位移计算中的边界条件等特别给予重视外,还对稳定性的概念、临界力公式的推导、能量原理的基本概念和方法等都予以加强。对于单元体和应力状态、变形能、叠加原理等概念和方法则分散在有关各章中逐步引出概念,并通过例题、习题加以应用,以收到反复巩固的功效。编者希望通过这样的处理,使材料力学中的主要内容能使读者切实学到手。断裂力学作为常规强度计算的补充,近年来有了很大的发展。本书用专章着重介绍了线弹性断裂力学的一些基本原理和简单的应用,这些都是断裂力学的重要基础。至于对线弹性断裂力学的进一步研究以及弹塑性断裂力学的内容,就只能由专门的课程来介绍了。

本书对于一些次要内容的处理办法是:在属于次要内容的章节前加上 * 号或将其安排在例题中,这样做可便于教师的取舍。由于材料力学内容较为丰富,专业要求又不尽相同,建议教师在使用本书时,根据专业的特点选用有关的章节进行教学。对于有些专业,限于学时的安排,也可以把主要精力放在基本部分上,而将专题部分作为选修的内容。

本书的字符和下标尽量保持与我国现行的有关手册和规范中所采用者一致。至于各种量的单位则主要以国际单位制单位为准,在少数插图中由于原始资料不便改动,仍保留了原有的公制单位。本书还附有一些主要常用量的公制单位与国际制单位的换算表,以便查用。

在本书编写过程中,西南交通大学、大连工学院和南京工学院三校的领导同志给予了大力支持。担任本教材主审的武汉水利电力学院粟一凡同志,以及参加审稿会的武汉水利电力学院、成都科学技术大学、哈尔滨工业大学、华东水利学院、西安冶金建筑学院、江西工学院、重庆建筑工程学院、天津大学、同济大学、北京工业大学、太原工学院、清华大学、北京建筑工程学院和西南交通大学、大连工学院、南京工学院等院校的代表对本书的初稿提供了宝贵的意见。西南交通大学材料力学教研室奚绍中同志等对本书初稿特别是其中的例题及习题进行了校阅和修改,并提出了不少建设性的建议。西南交通大学、大连工学院和南京工学院三院校材料力学教研室的同志对本书的插图和例题、习题解答等方面都做了大量工作。这些对本书的定稿都起了很大的作用,这里一并致谢。

限于编者的水平,本书一定存在不少缺点和不妥之处,希望广大教师和读者在使用本书后给我们提出宝贵的意见,以便今后改进。

编　者
1979 年 2 月

目　　录

第一章 弯曲问题的进一步研究

§1-1 非对称纯弯曲梁的正应力

在《材料力学(I)》中推导了对称弯曲下纯弯曲梁横截面上正应力的计算公式,并把该式推广到横力弯曲的情况。当梁不具有纵向对称平面,或者梁虽具有纵向对称平面,但外力不作用在该平面内时,梁将发生非对称弯曲。这时,对称弯曲的正应力公式将不再适用,下面推导非对称弯曲梁的正应力公式。

I. 非对称纯弯曲梁正应力的普遍公式

为考察非对称纯弯曲的一般情况,设三角形截面的等直梁发生纯弯曲。若梁的任一横截面上只有弯矩 M(其值等于外力偶矩 M_e),如图 1-1a 所示。取 x 轴为梁的轴线, y、z 轴为横截面上任意一对相互垂直的形心轴,弯矩 M 及其在 y、z 轴上的分量 M_y 和 M_z 均用矢量表示①。

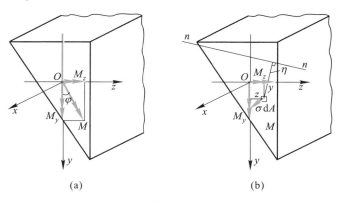

(a)   (b)

图 1-1

---

① 《量和单位》(GB 3100~3102—1993)中,用黑体字的符号表示矢量,但在材料力学中一般不用矢量(黑体)表示。

实验表明,对于非对称纯弯曲梁,平面假设依然成立,且横截面上各点均处于单轴应力状态。设横截面的中性轴为 n-n(其位置尚未确定),则仿照对称纯弯曲梁正应力的推导,当材料处于线弹性范围内,且材料的拉伸和压缩弹性模量相同时,则距中性轴 n-n 为 η(图 1-1b)的任一点处的正应力为

$$\sigma = E\,\frac{\eta}{\rho} \qquad\qquad (a)$$

式中,E 为材料的弹性模量;ρ 为梁变形后中性层的曲率半径。

式(a)表明,非对称纯弯曲梁横截面上任一点处的正应力与该点到中性轴的距离成正比,而横截面上的法向内力元素 $\sigma\mathrm{d}A$ 构成一空间平行力系,因此只可能组成三个内力分量。由静力学关系,可得

$$\int_A \sigma\mathrm{d}A = F_N = 0 \qquad\qquad (b)$$

$$\int_A z\sigma\mathrm{d}A = M_y \qquad\qquad (c)$$

$$\int_A y\sigma\mathrm{d}A = -M_z \qquad\qquad (d)$$

将式(a)代入式(b),得

$$F_N = \frac{E}{\rho}\int_A \eta\mathrm{d}A = 0$$

显然,上式中的 E/ρ 值不可能等于零,因而必有

$$\int_A \eta\mathrm{d}A = 0$$

由上式可见,在非对称纯弯曲时,中性轴 n-n 仍然通过横截面的形心,如图 1-2 所示。若中性轴 n-n 与 y 轴间的夹角为 θ,则

$$\eta = y\sin\theta - z\cos\theta$$

将上述关系式代入式(a),得

$$\sigma = \frac{E}{\rho}(y\sin\theta - z\cos\theta) \qquad (e)$$

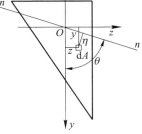

图 1-2

将式(e)代入式(c)、式(d)两式,并根据有关截面几何参数的定义,可得

$$\frac{E}{\rho}(I_{yz}\sin\theta - I_y\cos\theta) = M_y$$

$$\frac{E}{\rho}(I_z\sin\theta - I_{yz}\cos\theta) = -M_z$$

联立求解以上两式,得

$$\frac{E}{\rho}\cos\theta = -\frac{M_y I_z + M_z I_{yz}}{I_y I_z - I_{yz}^2} \tag{f}$$

$$\frac{E}{\rho}\sin\theta = -\frac{M_z I_y + M_y I_{yz}}{I_y I_z - I_{yz}^2} \tag{g}$$

然后,将式(f)、式(g)代入式(e),经整理后,即得非对称纯弯曲梁横截面上任一点处正应力的普遍表达式为

$$\sigma = \frac{M_y(z I_z - y I_{yz}) - M_z(y I_y - z I_{yz})}{I_y I_z - I_{yz}^2} \tag{1-1}$$

式(1-1)称为广义弯曲正应力公式。式中,M_y 和 M_z 分别为弯矩矢量 M 在 y 轴和 z 轴上的分量;I_y、I_z 和 I_{yz} 依次为横截面对 y 轴和 z 轴的惯性矩及对 y、z 轴的惯性积;y 和 z 代表横截面上任一点的坐标。

由式(f)和式(g)即可解出中性轴与 y 轴间的夹角 θ 为

$$\tan\theta = \frac{M_z I_y + M_y I_{yz}}{M_y I_z + M_z I_{yz}} \tag{1-2}$$

显然,上式也可由式(1-1)令 $\sigma = 0$ 求得,读者可自行验算。

横截面上的最大拉应力和最大压应力将分别发生在距中性轴最远的点处。对于具有棱角的横截面,其最大拉、压应力必发生在距中性轴最远的截面棱角处,如图 1-3a 中的 D_1 和 D_2 点处。对于周边为光滑曲线的横截面(图 1-3b),可平行于中性轴作两直线分别与横截面周边相切于 D_1 和 D_2 点,该两点即为横截面上的最大拉、压应力点。将其坐标 (y,z) 分别代入广义弯曲正应力公式(1-1),即可得横截面上的最大拉应力和最大压应力。

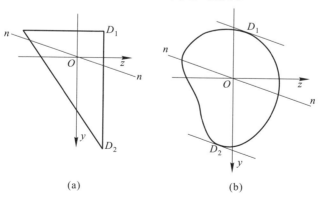

(a)　　　　　　　　(b)

图 1-3

由于梁危险截面上的最大拉应力 $\sigma_{t,\max}$ 点和最大压应力 $\sigma_{c,\max}$ 点均处于单轴应力状态,于是根据最大拉、压应力分别不得超过材料许用拉、压应力的强度条

件,即可进行非对称纯弯曲梁的强度计算。

与对称弯曲相仿,在工程实际中,对于跨长与截面高度之比较大的细长梁,广义弯曲正应力公式(1-1)也同样适用于计算非对称横力弯曲梁横截面上的正应力。

Ⅱ. 广义弯曲正应力公式的讨论

广义弯曲正应力公式(1-1),对于梁不论是否具有纵向对称平面,或外力是否作用在纵向对称平面内,都是适用的。即广义弯曲正应力公式包含了对称弯曲情况下的正应力计算公式。现分别讨论如下:

1. 梁具有纵向对称平面,且外力作用在该对称平面内

将 $M_y = 0$、$M_z = M$、$I_{yz} = 0$ 代入广义弯曲正应力公式(1-1),即得

$$\sigma = -\frac{M}{I_z} y$$

上式即为对称弯曲情况下梁横截面上任一点处的正应力公式。式中取负号是因图 1-1b 中的 $M_z = M$ 为负弯矩。

在对称弯曲的讨论中已知,梁的挠曲线必定是外力作用平面内的一条平面曲线,这一类弯曲也称为平面弯曲。

2. 梁不具有纵向对称平面,但外力作用在(或平行于)由梁的轴线与形心主惯性轴组成的形心主惯性平面内

如图 1-4 所示的 Z 字形截面梁,图中 y、z 轴为横截面的形心主惯性轴,弯矩 $M = M_z$ 位于形心主惯性平面(xy 平面)内。将 $M_y = 0$、$M_z = M$、$I_{yz} = 0$ 代入广义弯曲正应力公式(1-1),同样可得

$$\sigma = -\frac{M}{I_z} y$$

上式表明,只要外力作用在(或平行于)梁的形心主惯性平面内,对称弯曲时的正应力公式仍然适用。而由式(1-2)可得

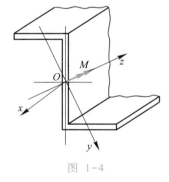

图 1-4

$$\tan \theta = \infty , \qquad \theta = 90°$$

说明中性轴垂直于弯矩(即外力)所在平面,即梁弯曲变形后的挠曲线也将是外力作用平面内的平面曲线,属于平面弯曲的范畴。

3. 梁具有纵向对称平面,但外力的作用平面与纵向对称平面间有一夹角

如图 1-5 所示的矩形截面梁,弯矩 M 的矢量与 y 轴间的夹角为 φ,将 $M_y = M\cos\varphi$、$M_z = M\sin\varphi$、$I_{yz} = 0$ 代入广义弯曲正应力公式(1-1),可得

$$\sigma = \frac{M\cos\varphi}{I_y}z - \frac{M\sin\varphi}{I_z}y \qquad (\text{a})$$

此时,横截面上任一点处的正应力,可视作两相互垂直平面内对称弯曲情况下正应力的叠加。应该注意,在此情况下,确定中性轴与 y 轴间夹角的公式(1-2)化简为

$$\tan\theta = \frac{M_z}{M_y}\cdot\frac{I_y}{I_z} = \frac{I_y}{I_z}\tan\varphi \qquad (\text{b})$$

显然,对于矩形截面等,$I_y \neq I_z$,因而 $\theta \neq \varphi$,即中性轴不再垂直于弯矩(即外力)所在平面。即梁发生弯曲变形后,其挠曲线不在外力作用的平面内,这类弯曲也称为斜弯曲。

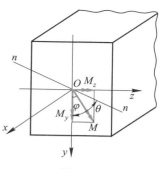

图 1-5

例题 1-1 跨长为 $l=4$ m 的简支梁,由 32a 号工字钢制成。作用在梁跨中点处的集中力 $F=33$ kN,力 F 的作用线与横截面铅垂对称轴间的夹角 $\varphi=15°$,且通过截面的形心(图 a)。已知钢的许用弯曲正应力 $[\sigma]=170$ MPa。试校核梁的正应力强度。

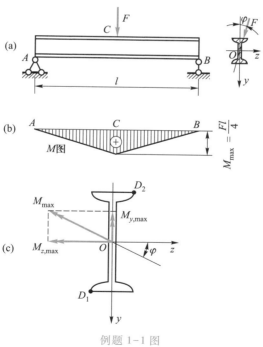

例题 1-1 图

解:(1)内力分析——确定危险截面

由弯矩图(图 b)可见,梁的危险截面位于其跨中截面 C,其弯矩值为

$$M_{\max} = \frac{Fl}{4} = \frac{1}{4} \times (33 \times 10^3 \text{ N}) \times (4 \text{ m}) = 33 \text{ kN} \cdot \text{m}$$

总弯矩在两形心主惯性平面 xz 和 xy 内的分量(图 c)分别为

$$M_{y,\max} = -M_{\max} \sin \varphi = -(33 \text{ kN} \cdot \text{m}) \times \sin 15° = -8.54 \text{ kN} \cdot \text{m}①$$

和

$$M_{z,\max} = -M_{\max} \cos \varphi = -(33 \text{ kN} \cdot \text{m}) \times \cos 15° = -31.9 \text{ kN} \cdot \text{m}$$

(2)应力分析——确定危险点及其应力状态

由跨中截面 C 上的弯矩分量(图 c)可见,危险点位于截面的棱角 D_1 和 D_2 处。其中 D_1 点为最大拉应力,D_2 点为最大压应力,两者的绝对值相等,且均处于单轴应力状态。

由于工字钢截面的 y、z 轴均为形心主惯性轴,截面对 y、z 轴的惯性积 $I_{yz} = 0$,因此式(1-1)可简化为

$$\sigma = \frac{M_y z I_z - M_z y I_y}{I_y I_z} = \frac{M_y z}{I_y} - \frac{M_z y}{I_z} \tag{1}$$

危险点 D_1 的最大拉应力为

$$\sigma_{\max} = \frac{M_{y,\max} z_{\max}}{I_y} - \frac{M_{z,\max} y_{\max}②}{I_2}$$

$$= \frac{M_{y,\max}}{W_y} + \frac{M_{z,\max}}{W_z} \tag{2}$$

由型钢规格表中查得 32a 号工字钢的弯曲截面系数 W_z 和 W_y 分别为

$$W_z = 692 \times 10^3 \text{ mm}^3 = 692 \times 10^{-6} \text{ m}^3$$

和

$$W_y = 70.8 \times 10^3 \text{ mm}^3 = 70.8 \times 10^{-6} \text{ m}^3$$

将以上数据代入式(2),即得最大拉应力为

$$\sigma_{\max} = \frac{8\,540 \text{ N} \cdot \text{m}}{70.8 \times 10^{-6} \text{ m}^3} + \frac{31\,900 \text{ N} \cdot \text{m}}{692 \times 10^{-6} \text{ m}^3}$$

$$= 167 \times 10^6 \text{ Pa} = 167 \text{ MPa}$$

(3)强度校核

由单轴应力状态的正应力强度条件,有

$$\sigma_{\max} = 167 \text{ MPa} < [\sigma] = 170 \text{ MPa}$$

---

① 广义弯曲正应力公式(1-1)中弯矩分量 M_y、M_z 的正负号,以其矢量指向与坐标轴正向一致时为正,反之为负。点坐标 (y, z) 的正负也以其所处坐标轴象限而定。

② 式中,$M_{y,\max}$ 为负,$z_{\max}$ 为负;而 $M_{z,\max}$ 为负,$y_{\max}$ 为正。

可见,梁的弯曲正应力满足强度条件的要求。

在本例中,如力 F 作用线与 y 轴重合,即 $\varphi=0$,则最大正应力仅为

$$\sigma_{\max}=\frac{33\,000\ \mathrm{N}\cdot\mathrm{m}}{692\times10^{-6}\ \mathrm{m}^{3}}=47.7\times10^{6}\ \mathrm{Pa}=47.7\ \mathrm{MPa}$$

可见,对于用工字钢制成的梁,当外力偏离 y 轴一很小角度时,就会使最大正应力增加很多。对于这一类截面的梁,由于横截面对两个形心主惯性轴的弯曲截面系数相差较大,所以应该注意使外力尽可能作用在梁的形心主惯性平面 xy 内,以避免因发生斜弯曲而产生过大的正应力。

例题 **1-2**　三角形截面 $b\times h$ 的悬臂梁,在 xy 平面内发生纯弯曲(任一横截面上的 $M_z=M,M_y=0$),如图所示。试求截面角点 A、B、C 处的正应力,并确定其中性轴位置。

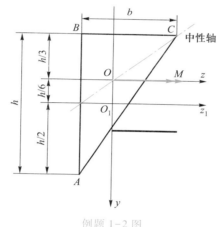

例题 1-2 图

解:(1)截面几何性质

三角形截面 ABC 对通过高度中点 z_1 轴的惯性矩 I_{z_1} 应为矩形 $b\times h$ 对形心轴惯性矩的一半,即

$$I_{z_1}=\frac{1}{2}\times\frac{bh^{3}}{12}$$

由平行移轴定理,得

$$I_z=I_{z_1}-\left(\frac{h}{6}\right)^{2}\left(\frac{bh}{2}\right)=\frac{bh^{3}}{36}$$

同理

$$I_y=\frac{hb^{3}}{36}$$

$$I_{yz}=-\frac{b^2h^2}{72}\quad(\text{参见《材料力学（Ⅰ）》附录Ⅰ习题Ⅰ-20})$$

（2）应力计算

由广义弯曲正应力公式（1-1），得各角点的正应力分别为

点 $A\left(y_A=\dfrac{2h}{3},z_A=-\dfrac{b}{3}\right)$

$$\sigma_A=\frac{M\left(-\frac{b^2h^2}{72}\right)\left(-\frac{b}{3}\right)-M\left(\frac{hb^3}{36}\right)\left(\frac{2h}{3}\right)}{\left(\frac{hb^3}{36}\right)\left(\frac{bh^3}{36}\right)-\left(-\frac{b^2h^2}{72}\right)^2}=-24\frac{M}{bh^2}$$

点 $B\left(y_B=-\dfrac{h}{3},z_B=-\dfrac{b}{3}\right)$

$$\sigma_B=\frac{M\left(-\frac{b^2h^2}{72}\right)\left(-\frac{b}{3}\right)-M\left(\frac{hb^3}{36}\right)\left(-\frac{h}{3}\right)}{\left(\frac{hb^3}{36}\right)\left(\frac{bh^3}{36}\right)-\left(-\frac{b^2h^2}{72}\right)^2}=24\frac{M}{bh^2}$$

点 $C\left(y_C=-\dfrac{h}{3},z_C=\dfrac{2b}{3}\right)$

$$\sigma_C=\frac{M\left(-\frac{b^2h^2}{72}\right)\left(\frac{2b}{3}\right)-M\left(\frac{hb^3}{36}\right)\left(-\frac{h}{3}\right)}{\left(\frac{hb^3}{36}\right)\left(\frac{bh^3}{36}\right)-\left(-\frac{b^2h^2}{72}\right)^2}=0$$

（3）中性轴位置

应用式（1-2），代入已知数据，即得中性轴与 y 轴夹角 θ 的正切为

$$\tan\theta=\frac{I_y}{I_{yz}}=\frac{\frac{hb^3}{36}}{-\frac{b^2h^2}{72}}=-\frac{2b}{h}$$

由于 I_{yz} 为负值，故中性轴通过二、四象限。实际上，已知截面形心 O 和角点 C 的弯曲正应力为零，故连接点 O 与 C，即得截面的中性轴位置，如图中虚线所示。

例题 1-3　一 Z 字形型钢制成的两端外伸梁在 xy 平面内承受均布荷载作用，其计算简图如图 a 所示。已知梁截面对形心轴 y、z 的惯性矩和惯性积分别为 $I_y=283\times10^{-8}$ m^4，$I_z=1\,930\times10^{-8}$ m^4 和 $I_{yz}=532\times10^{-8}$ m^4；钢材的许用弯曲正应力 $[\sigma]=170$ MPa。试求梁的许可均布荷载集度值。

解：（1）危险截面

作弯矩图如图 b 所示。由图可见，梁跨中截面 C 为危险截面，其最大弯矩值为

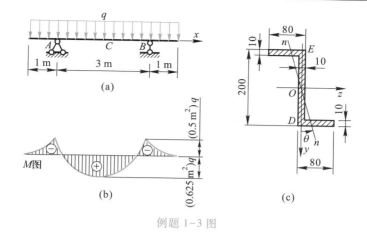

例题 1-3 图

$$M_{\max} = (0.625 \text{ m}^2) q \qquad (1)$$

由于均布荷载作用在 xy 平面内,故 $M_y = 0$,而 $M_{z,\max} = -M_{\max} = -(0.625 \text{ m}^2) q$。

（2）危险点

为确定危险点位置,需确定中性轴位置。将 $M_y = 0$,以及 I_y、I_z 和 I_{yz} 值代入式（1-2）,可得中性轴与 y 轴间的夹角 θ 的正切为

$$\tan \theta = \frac{M_z I_y}{M_z I_{yz}} = \frac{I_y}{I_{yz}} = \frac{283 \times 10^{-8} \text{ m}^4}{532 \times 10^{-8} \text{ m}^4} = 0.531\,95 \qquad (2)$$

由此求得

$$\theta = 28°$$

即中性轴位置如图 c 中轴 $n-n$ 所示。得中性轴位置后,作两条直线与中性轴平行,分别与截面周边相切于 D、E 两点,即为截面上的危险点。其中,D 点处为最大拉应力,E 点处为最大压应力,两者的绝对值相等。

（3）许可荷载

由图 c 所示尺寸得 D 点的坐标为

$$y_D = 100 \text{ mm} = 0.1 \text{ m}$$

$$z_D = -5 \text{ mm} = -0.005 \text{ m}$$

由式（1-1）,求得梁危险截面上的最大拉应力为

$$\sigma_{\max} = \sigma_D = -\frac{M_{z,\max}(y_D I_y - z_D I_{yz})}{I_y I_z - I_{yz}^2} \qquad (3)$$

按梁的正应力强度条件,有

$$\frac{M_{\max}(y_D I_y - z_D I_{yz})}{I_y I_z - I_{yz}^2} \leqslant [\sigma] \qquad (4)$$

将有关数值代入式(4),得

$$\frac{(0.625 \text{ m}^2)\,q\left[0.1 \text{ m}\times(283\times10^{-8} \text{ m}^4)+(5\times10^{-3} \text{ m})\times(532\times10^{-8} \text{ m}^4)\right]}{(283\times10^{-8} \text{ m}^4)\times(1\,930\times10^{-8} \text{ m}^4)-(532\times10^{-8} \text{ m}^4)^2}$$

$$\leqslant 170\times10^6 \text{ Pa}$$

从而解得梁的许可均布荷载集度值为

$$[q]=23.1 \text{ kN/m}$$

§1-2　两种材料的组合梁

在以前讨论的弯曲问题中,梁均由一种材料制成。而在工程实际中,常会遇到由两种或两种以上不同材料制成的组合梁的弯曲问题,如钢筋混凝土梁等。下面以图 1-6a 所示的两种材料组成的矩形截面梁为例,研究梁在对称纯弯曲时横截面上的正应力。

设梁由材料 1 与材料 2 组成,其弹性模量分别为 E_1 和 E_2,且 $E_1<E_2$,相应的横截面面积分别为 A_1 和 A_2。梁在纵对称平面内发生纯弯曲,横截面上的弯矩为 M。当梁的两种材料的接触部分紧密结合,在弯曲变形过程中无相对错动时,梁的横截面可视作整体。实验表明,平面假设与单轴应力状态假设依然成立。

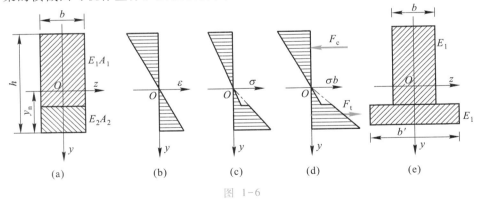

图 1-6

取截面的对称轴和中性轴分别为 y 轴和 z 轴(图 1-6a)。由平面假设可知,横截面上各点处的纵向线应变沿截面高度呈线性规律变化(图 1-6b),任一点 y 处的纵向线应变为

$$\varepsilon=\frac{y}{\rho}$$

式中,ρ 为中性层的曲率半径。当梁的材料均处于线弹性范围,由单轴应力状态

下的胡克定律,可得横截面上材料 1 与 2 部分的弯曲正应力分别为

$$\left. \begin{array}{l} \sigma_1 = E_1 \dfrac{y}{\rho} \\[2mm] \sigma_2 = E_2 \dfrac{y}{\rho} \end{array} \right\} \tag{a}$$

正应力沿截面高度的变化规律如图 1-6c 所示。

由横截面上正应力所构成的法向分布内力系的合成等于内力的静力学关系,即得

$$\int_{A_1} \sigma_1 \mathrm{d}A_1 + \int_{A_2} \sigma_2 \mathrm{d}A_2 = F_N = 0 \tag{b}$$

$$\int_{A_1} y\sigma_1 \mathrm{d}A_1 + \int_{A_2} y\sigma_2 \mathrm{d}A_2 = M \tag{c}$$

与同一材料梁在对称纯弯曲时的推导相仿,将式(a)代入式(b)和式(c),可由式(b)确定中性轴的位置;由式(c)求得中性层的曲率 $\dfrac{1}{\rho}$,并将曲率代入式(a),即得横截面上材料 1 与 2 部分弯曲正应力的表达式。

现由图 1-6c 所示正应力沿截面高度的变化规律进行分析。当横截面上的弯矩为正值时,截面上中性轴以上部分为压应力,以下为拉应力。将横截面上正应力 σ 乘以截面宽度 b,可得 σb 沿截面高度的变化规律(图 1-6d)。由纯弯曲时横截面上轴力 $F_N = 0$ 可知,其中性轴以上部分的压力 F_c 与以下部分的拉力 F_t 数值相等,而指向相反,其组成的力偶矩即为横截面上的弯矩 M。

若将组合梁的截面变换为仅由材料 1 构成的截面,则仅需将横截面上材料 2 的宽度变换为

$$b' = \frac{E_2}{E_1} b \tag{d}$$

其正应力与宽度的乘积 σb 沿截面高度的变化规律将仍然与图 1-6d 所示相同。显然,按式(d)折算所得截面(图 1-6e)的中性轴(即其水平形心轴)与两种材料的实际截面的中性轴相重合。于是,两种材料的组合梁可变换为同一材料的均质梁进行计算。图 1-6e 所示同一材料的截面相当于两种材料的实际截面,称为相当截面。应当注意,应用相当截面,按同一材料梁算出的横截面上的正应力 σ,对于材料 1 部分,即为实际的应力,而对于材料 2 部分(变换宽度部分),必须将其乘以两材料弹性模量之比值 E_2/E_1,才是实际截面上的应力。

例题 1-4 T 字形截面梁的横截面尺寸如图 a 所示。设截面在纵对称面内承受负值的弯矩 M,而其翼缘和腹板的材料不同,弹性模量分别为 E_1 和 E_2,且 $E_1 < E_2$。试推导折算宽度的计算公式,并计算截面上的应力。

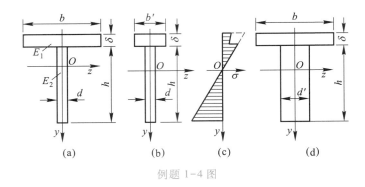

例题 1-4 图

解：（1）折算宽度计算公式

要将截面折算成为同一材料的相当截面，可将翼缘的宽度或腹板的宽度进行折算。现折算翼缘的宽度，为此，设折算后的翼缘宽度为 b'（图 a、b）。

设在翼缘部分上，原截面和相当截面距中性轴（其位置暂未确定）同一距离 y 处的纵向线应变分别为 ε 和 ε'，由于原梁和相当截面梁的变形应完全相同，故应有

$$\varepsilon = \varepsilon' \tag{1}$$

根据单轴应力状态下的胡克定律，可得翼缘部分上该处的正应力。在原截面上和相当截面上的正应力应分别为

$$\sigma = E_1\varepsilon \tag{2}$$

和

$$\sigma' = E_2\varepsilon' \tag{2'}$$

于是，在翼缘部分，原截面和相当截面上的全部法向内力分别为

$$F_{\mathrm{N}} = \int_A \sigma \mathrm{d}A = \int_{h_1}^{h_2} E_1\varepsilon b\,\mathrm{d}y \tag{3}$$

和

$$F_{\mathrm{N}}' = \int_A \sigma' \mathrm{d}A = \int_{h_1}^{h_2} E_2\varepsilon' b'\,\mathrm{d}y \tag{3'}$$

而在将翼缘宽度转换为折算宽度后，不应改变翼缘部分所承受的内力。因此，F_{N} 与 F_{N}' 相等，故在上述两个具有相同上、下限的定积分中被积函数应相等，即

$$E_1\varepsilon b = E_2\varepsilon' b'$$

由式（1）已知 $\varepsilon = \varepsilon'$，故得

$$b' = \frac{E_1}{E_2}b \tag{4}$$

上式即为折算宽度的计算公式。

由折算宽度即可得出相当截面的形状和尺寸。当 $E_1 < E_2$ 时,则 $b' < b$,相当截面如图 b 所示。

（2）应力计算

为计算截面上的应力,需确定其形心轴,也即相当截面的中性轴。然后,计算相当截面对该中性轴的惯性矩,称为相当惯性矩,并用 I^* 表示。将其代入对称纯弯曲梁的正应力和曲率公式,即得相当截面梁的正应力和变形后的曲率分别为

$$\sigma = \frac{My}{I^*} \tag{5}$$

和

$$\frac{1}{\rho} = \frac{M}{E_2 I^*} \tag{6}$$

由于相当截面已折算为腹板的材料,故式（6）中应取用腹板材料的弹性模量 E_2。

由式（5）算出的正应力是相当截面梁横截面上的正应力。对于翼缘部分的正应力,还须将式（2′）中的 σ' 换算成公式（2）中的 σ。由式（2）和式（2′）可知

$$\frac{\sigma}{\sigma'} = \frac{E_1 \varepsilon}{E_2 \varepsilon'} = \frac{E_1}{E_2}$$

$$\sigma = \frac{E_1}{E_2}\sigma' \tag{7}$$

经上式换算后,原截面上正应力沿其高度变化的规律将如图 c 所示。由于原梁和相当截面梁的变形完全相同,故式（6）也表达了原梁的变形,而无须再作任何换算。

上述按相当截面的计算方法,对于其他形状截面的两种材料组合梁也完全适用,只需将截面高度维持不变,而将其宽度按式（4）折算,即可得到相当于一种材料的相当截面。

最后指出,在计算相当截面时,将原来的截面折算为哪一种材料的相当截面,对于最后的计算结果并无影响。例如,对于上述的 T 形截面梁,如果将原截面折算成为与翼缘同一材料的相当截面,则在 $E_2 > E_1$ 的情况下,其形状将约如图 d 所示,但最后的应力和变形的计算结果仍然不变。建议读者自行验算。

§1-3 开口薄壁截面梁的切应力·弯曲中心

Ⅰ. 开口薄壁截面梁的切应力

对于在横向力作用下的非对称开口薄壁截面梁,理论分析和实验结果指出,

横向力必须作用在平行于形心主惯性平面的某一特定平面内,才能保证梁只发生平面弯曲而不发生扭转(图1-7a)。这一特定平面,也就是梁在形心主惯性平面内发生弯曲时横截面上剪力 F_s 所在的纵向平面。若横向力作用在平行于该特定平面的另一纵向平面内,则梁不仅发生平面弯曲,还将发生扭转(图1-7b)。

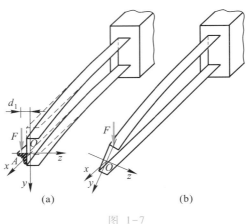

图　1-7

现以图1-7b所示槽形截面梁在 xy 平面(形心主惯性平面之一)内承受横向力作用为例,分析梁产生扭转变形的原因。由于横向外力 F 作用在(或平行于)形心主惯性平面,由§1-1的讨论可知,横截面上的弯曲正应力可应用对称弯曲正应力公式进行计算。至于横截面上的切应力,不论是腹板或是翼缘,都是狭长矩形。因此,均可采用切应力沿壁厚不变及其方向平行于长边的假设,仿照矩形截面上切应力的推导方法,可得相同的切应力表达式,即

$$\tau = \frac{F_s S_z^*}{I_z b}$$

上式中的 b,对于腹板应取腹板的厚度 d;翼缘应取翼缘的厚度 δ。将相应的部分截面对中性轴的静矩 S_z^* 代入上式,即得腹板和翼缘上的切应力(图1-8a)分别为

腹板部分

$$\tau = \frac{F_s}{I_z d}\left[b\delta\frac{h'}{2} + \frac{d}{2}\left(\frac{h_1^2}{4} - y^2\right) \right] \tag{1}$$

翼缘部分

$$\tau' = \frac{F_s h' u}{2I_z} \tag{2}$$

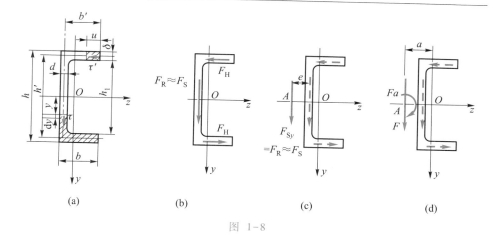

图 1-8

然后,考察横截面上切应力所构成的切向分布内力系的合成。对于腹板部分,其合力 F_R(图 1-8a),由式(1)可得

$$F_R = \int_{-h_1/2}^{h_1/2} \tau \, (d\,\mathrm{d}y) = \frac{F_S}{I_z} \int_{-h_1/2}^{h_1/2} \left[\frac{b\delta h'}{2} + \frac{d}{2}\left(\frac{h_1^2}{4} - y^2\right) \right] \mathrm{d}y \tag{3}$$

上式中的积分运算式与截面对中性轴 z 的惯性矩 I_z 的算式非常接近,故

$$F_R \approx F_S \tag{4}$$

对于翼缘部分,由式(2)可见,其切应力 τ' 沿翼缘长度呈线性规律变化,故其切向分布内力系的合力 F_H 为

$$F_H = \frac{1}{2}(\tau'_{\max}\delta b') = \frac{1}{2}\frac{F_S h' b'}{2I_z}(\delta b')$$

$$= \frac{F_S b'^2 h'\delta}{4I_z} \tag{5}$$

显然,腹板上切向合力 F_R 的作用线与腹板中线重合,而翼缘上切向合力 F_H 必沿翼缘中线,如图 1-8b 所示。

由以上分析可知,横截面上的剪力由一个 F_R、两个 F_H 共三部分组成。由力系合成原理,上述三个组成部分的合力 F_{Sy} 的大小和方向均与 F_R 相同,但其作用线则与 F_R 相隔一段距离 e(图 1-8c)。由 $F_R e = F_H h'$,并由式(4)、式(5),可得

$$e = \frac{F_H h'}{F_R} = \frac{h'}{F_S}\left(\frac{F_S b'^2 h'\delta}{4I_z}\right) = \frac{b'^2 h'^2 \delta}{4I_z} \tag{6}$$

只有当横向外力 F 与剪力 F_{Sy} 位于同一纵向平面时,梁才只发生平面弯曲。由于图 1-7b 中横向外力 F 的作用线位于形心主惯性平面(xy 平面)内,于是可将其简化为与剪力 F_{Sy} 在同一纵向平面内的力 F 和一个力偶 Fa(图 1-8d)。其

中,力 F 使梁发生平面弯曲,而力偶 Fa 则使梁发生扭转(图 1-7b)。

此外,由于开口薄壁截面梁的扭转刚度较小,若横向外力与剪力不在同一纵向平面内,往往引起较严重的扭转。若梁端截面受到扭转而不能自由翘曲,则开口薄壁截面梁在扭转时还将产生附加的正应力和切应力,称为约束扭转。关于约束扭转的基本知识,将在 §1-4 中介绍。

非对称薄壁截面梁在承受任意方向横向力作用的一般情况下,其横截面上的内力分量有剪力 F_{Sy}、F_{Sz} 和弯矩 M_y、M_z(图 1-9a),只要在正应力 σ 的计算中用广义弯曲正应力公式(1-1)来代替对称弯曲的正应力公式,即可按求对称弯曲梁切应力的方法,来计算梁横截面上分别由剪力 F_{Sy} 和 F_{Sz} 引起的切应力[1]。同理,可分别求得梁横截面上切向分布内力系的合力所通过的 A 点的坐标 e_y 和 e_z(图 1-9b)。

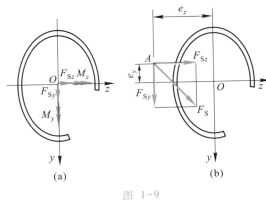

图 1-9

Ⅱ. 开口薄壁截面的弯曲中心

如前所述,对于图 1-9a 所示的非对称薄壁截面梁,其横截面上剪力 F_{Sy} 和 F_{Sz} 的作用线相交于 A 点(图 1-9b)。因此,为使梁只发生弯曲而不扭转,梁上横向外力所在的纵向平面就必须通过该交点 A。这一交点称为截面的弯曲中心,或剪切中心。对于图 1-8 所示的槽形截面梁,已知梁在 xy 平面(形心主惯性平面)内弯曲时,横截面上剪力 F_{Sy} 的作用线位置如图 1-8c 所示;而当横向外力使梁在 xz 平面(另一形心主惯性平面)内弯曲时,由于 z 轴为横截面的对称轴,因此剪力 F_{Sz} 的作用线必定与对称轴重合。于是,图 1-8c 中 F_{Sy} 与 z 轴的交点 A,即为槽形截面的弯曲中心。

---

[1] 例如,参阅 Crandall 等著,《固体力学导论》,诸关炯、胡增强等译,人民教育出版社,1981 年。

对于具有一根对称轴的截面,如 T 字形、开口薄壁环形截面等,其弯曲中心都在截面的对称轴上。因此,仅需确定其垂直于对称轴的剪力作用线。剪力作用线与对称轴的交点即为截面的弯曲中心。若截面具有两根对称轴,则两对称轴的交点(即截面形心)即是弯曲中心。而 Z 字形等反对称截面,其弯曲中心也与截面形心重合。

对于由两个狭长矩形组成的截面,如 T 字形、等边或不等边角钢截面等,由于狭长矩形上的切应力方向平行于长边,且其数值沿厚度不变,故剪力作用线必与狭长矩形的中线重合。因此,其弯曲中心应位于两狭长矩形中线的交点。

表 1-1 中给出了一些常用截面的弯曲中心位置。由表中结果可见,对于由同一材料制成的梁,弯曲中心的位置仅与横截面的几何特征有关,因弯曲中心仅决定于剪力作用线的位置,而与其方位及剪力的数值无关。

表 1-1　常用截面的弯曲中心位置

截面形状				
弯曲中心 A 的位置	$e = \dfrac{b'^2 h'^2 \delta}{4 I_z}$	$e = r_0$	在两个狭长矩形中线的交点	与形心重合

例题 1-5　图 a 所示的 Z 字形截面梁中,z 轴和 y 轴为一对形心主惯性轴,试确定该截面的弯曲中心。

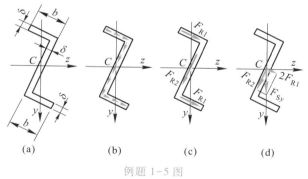

例题 1-5 图

解:若梁在 xy 平面内发生平面弯曲,y 方向的剪力 F_{Sy} 平行于 y 轴且方向向下,则由对称弯曲梁横截面上切应力的分析可知,翼缘和腹板中的切应力方向如图 b 所示。根据对称性及上、下翼缘尺寸相同的关系可知,两翼缘切向分布内力系的合力 F_{R1} 大小相等、指向相同(图 c),因而其合力 $2F_{R1}$ 必通过截面的形心。而腹板上的剪力 F_{R2} 在腹板的中心线上,必然也通过截面的形心,并与 $2F_{R1}$ 合成为剪力 F_{Sy}(图 d)。

同理,若该梁在 xz 平面内发生平面弯曲,则 z 方向的剪力 F_{Sz} 也通过截面的形心。因此,Z 字形截面的弯曲中心与其形心 C 重合,如表 1-1 所示。

例题 1-6　壁厚为 δ、平均半径为 r、中心角为 2α 的薄壁圆弧形截面,如图 a 所示,承受平行于铅垂主惯性轴 y 的剪力 F_s。试求截面上的切应力及弯曲中心的位置。

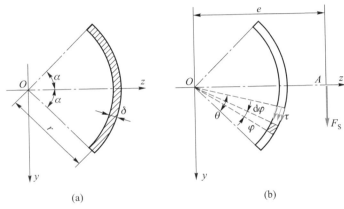

(a)　　　　　　　(b)

例题 1-6 图

解:(1)截面上的切应力

截面上任一角度 θ 处的切应力 τ 与截面厚度的中心线相切,且沿壁厚均匀分布(图 b)。由

$$S_z^* = \int_0^\theta (\delta r\mathrm{d}\varphi)\, r\sin(\alpha - \varphi) = \delta r^2 [\cos(\alpha - \theta) - \cos \alpha]$$

$$I_z = 2\int_0^\alpha (\delta r\mathrm{d}\varphi)[r\sin(\alpha - \varphi)]^2 = 2\delta r^3\left(\frac{\alpha}{2} - \frac{1}{2}\sin \alpha\cos \alpha\right)$$

得切应力为

$$\tau = \frac{F_s S_z^*}{\delta I_z} = \frac{F_s}{\delta r} \cdot \frac{\cos(\alpha-\theta) -\cos \alpha}{\alpha-\sin \alpha\cos \alpha}$$

(2)弯曲中心位置

弯曲中心 A 在对称轴 z 上,设距坐标原点 O 的距离为 e,有

$$F_{\mathrm{S}}e = \int_0^{2\alpha} (\tau\delta r\mathrm{d}\theta)r = F_{\mathrm{S}}r\int_0^{2\alpha} \frac{\cos(\alpha-\theta)-\cos\alpha}{\alpha-\sin\alpha\cos\alpha}\mathrm{d}\theta$$

$$= F_{\mathrm{S}}r\frac{2(\sin\alpha-\alpha\cos\alpha)}{\alpha-\sin\alpha\cos\alpha}$$

所以

$$e = 2r\frac{\sin\alpha-\alpha\cos\alpha}{\alpha-\sin\alpha\cos\alpha}$$

§1-4 开口薄壁截面梁约束扭转的概念

在《材料力学（Ⅰ）》的第三章中曾经指出，当非圆截面杆发生约束扭转时，由于各横截面的翘曲程度不同，将在横截面上引起附加的正应力。在实体杆件中附加应力很小，可略去不计。但在开口薄壁截面杆件中，附加应力较大，而不应忽略。

下面以工字形截面杆的特例，简单介绍开口薄壁截面杆件在约束扭转时横截面上的应力和内力特征。

设工字形截面杆承受扭转外力偶矩 M_x 作用（图 1-10a）而发生扭转。杆左端的横截面受到固定端支座的约束，不可能翘曲，而杆的右端面为自由端，可自由翘曲，由此可知，杆两端面之间的各横截面的翘曲将受到不同程度的约束。由于杆任意两相邻横截面的翘曲程度不同，因而将在横截面上引起附加的正应力。

根据理论分析和实验结果可知，工字形截面杆在约束扭转时，其腹板的主要变形是扭转，而其翼缘则除扭转外还有弯曲变形（图 1-10a）。因此，在两翼缘上存在弯矩 M_B，且两翼缘上的弯矩转向相反（图 1-10b）。与弯矩相应的正应力（即由各横截面翘曲程度不同所引起的附加正应力），用 σ_ω 表示（图 1-10c）。

由于任意两相邻横截面间的相对翘曲程度不同，各横截面上与 σ_ω 相应的弯矩 M_B 也将随横截面的位置而变化。这样，由剪力与弯矩间的关系可知，在横截面的两翼缘上还将有剪力 $F_{\mathrm{S}\omega}$ 及与之相应的切应力 τ_ω（图 1-10b、d）。

上述杆横截面上的内力 M_B、$F_{\mathrm{S}\omega}$ 和与之相应的应力 σ_ω、τ_ω，是工字形截面杆在约束扭转时横截面上特有的内力和应力。在横截面上的自由扭转扭矩 T 及与 T 相应的切应力 τ_t（图 1-10b、e）是杆横截面上的基本内力和应力。两者共同组成了工字形截面杆在约束扭转时横截面上的全部内力和应力。

为确定工字形截面杆在约束扭转时横截面上的各种应力，需先求得其所有内力分量，而横截面上的这些内力分量不可能仅靠截面法由平衡方程来确定。现结合图 1-10b 分析如下：

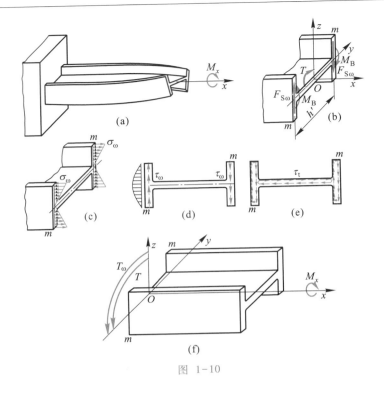

图 1-10

（1）由平衡方程 $\sum M_y = 0$ 可知，横截面两翼缘部分上的弯矩 M_B 数值相等，但转向相反，是自相平衡的。

（2）由平衡方程 $\sum F_z = 0$ 可知，两翼缘上的剪力 $F_{S\omega}$ 大小相等而指向相反，于是，将组成一个力偶，其矩为

$$T_\omega = \left| F_{S\omega} \cdot h' \right| \tag{a}$$

式中，h' 为横截面两翼缘中线之间的距离（图 1-10b）；T_ω 称为 弯曲扭矩。

（3）横截面上的弯曲扭矩 T_ω 和自由扭转扭矩 T 在转向上相同（图 1-10b、f），由平衡方程 $\sum M_x = 0$ 可知

$$T + T_\omega - M_x = 0$$

从而可得

$$T + T_\omega = M_x \tag{b}$$

即作用在杆上的外力偶矩 M_x 等于两扭矩 T 和 T_ω 之代数和。

从以上分析可见，仅由静力平衡方程不可能算出内力分量 M_B、T_ω 和 T 的数值，这正是约束扭转问题在内力和应力分析中的超静定特性。为此需对变形作出补充假设，然后综合利用几何、物理以及静力学三方面的关系求解。

由式(b)还可推知,在约束扭转时,横截面上的扭矩 T 将小于施加在杆上的外力偶矩 M_x。因此,杆的扭转切应力 τ_t 及单位长度扭转角 φ' 均较自由扭转时减小。但横截面上却产生了附加的正应力 σ_ω 和切应力 τ_ω,这正是约束扭转与自由扭转间的重要区别。

应该指出,工字形截面杆具有其特殊性,即横截面两翼缘部分上的弯矩 M_B 和剪力 $F_{s\omega}$ 都分别等值而反向,这些关系在一般的开口薄壁杆件中并不普遍存在。所以,对于任意形状的开口薄壁截面杆在约束扭转时的内力和应力分析,并不等同于工字形截面杆①。这里结合工字形截面杆分析约束扭转问题的目的,仅在于揭示开口薄壁杆件在约束扭转时,横截面上的内力不可能仅靠截面法直接求出,以及横截面上应力和内力的特点,而并不表明一般开口薄壁截面杆约束扭转时的内力和应力分析的具体作法。

* §1-5　平面大曲率杆纯弯曲时的正应力

在工程中经常遇到如吊钩、圆环、曲梁等大曲率杆的弯曲问题。在受力变形前其轴线是平面曲线的曲杆,称为平面曲杆。这里仅讨论其轴线所在平面为杆的对称面,且外力就作用在该对称面内的情况。曲杆在受横向力作用下除发生对称弯曲外,一般还发生轴向拉伸(压缩)。这里主要讨论其在对称弯曲时的特点。

设一平面曲杆两端承受一对使杆的曲率增大的外力偶矩 M_e,如图 1-11a 所示。截取夹角为 $\mathrm{d}\varphi$ 的微段(图 1-11a、b)。由截面法可知,杆横截面上只有数值等于 M_e 的弯矩 M,因此,只有与 M 相应的正应力。为推导正应力公式,假设曲杆在变形后其横截面仍保持为平面,并绕中性轴作微小转动。分别取横截面上的中性轴(其位置暂未确定)和对称轴为 z 和 y 轴(图 1-11c)。根据平面假设,由坐标为 y 处的线段的伸长,可得横截面上相应各点处沿横截面法线方向的线应变 ε 为

$$\varepsilon = \frac{y\Delta(\mathrm{d}\varphi)}{(r+y)\mathrm{d}\varphi} = \frac{y}{r+y} \cdot \frac{\Delta(\mathrm{d}\varphi)}{\mathrm{d}\varphi} \qquad (\mathrm{a})$$

式中,r 为微段中性层处线段的原始曲率半径;$\Delta(\mathrm{d}\varphi)$ 为两横截面 $m-m$ 和 $n-n$ 绕中性轴转动的相对转角(图 1-11b)。由于在同一横截面处 r 和 $\dfrac{\Delta(\mathrm{d}\varphi)}{\mathrm{d}\varphi}$ 为一常量,故式(a)表明线应变 ε 沿截面高度按双曲线规律变化(图 1-11d)。已知直梁在纯弯曲时 ε 与 y 成正比,这是因为直梁在相邻两横截面间各线段的原长相

---

① 对于这类问题的具体解法,可参见刘鸿文主编,《高等材料力学》,高等教育出版社,1985 年。

等,而曲杆各线段的原长则随线段与中性层间的距离 y 而改变。如图 1-11b 所示的 ab 和 cd 两线段,由于其与中性层间的距离相等,故变形后其伸长和缩短量在数值上也相等。而线段 ab 的原长大于 cd,故线应变 ε_{ab} 小于 ε_{cd},从而得图 1-11d 所示的 ε 变化规律。

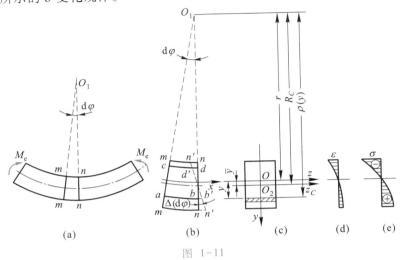

图 1-11

根据各线段间互不挤压的假设,由单轴应力状态下的胡克定律,从而得横截面上的正应力 σ 沿截面高度呈双曲线规律变化,如图 1-11e 所示。最后,通过静力学关系,以确定中性轴的位置,并得到弯曲正应力的计算公式。现将推导曲杆在纯弯曲时正应力计算公式过程中的主要结果与直梁的有关结果列表比较,如表 1-2 所示。

表 1-2 平面曲杆与直梁在纯弯曲时的比较

项目	依据	结果	
		曲杆	直梁
ε 变化规律	平面假设	$\varepsilon = \dfrac{y}{r+y} \cdot \dfrac{\Delta(\mathrm{d}\varphi)}{\mathrm{d}\varphi}$	$\varepsilon = \dfrac{y}{\rho}$
σ 变化规律	单轴应力状态下的胡克定律 $\sigma = E\varepsilon$	$\sigma = E\dfrac{\Delta(\mathrm{d}\varphi)}{\mathrm{d}\varphi} \cdot \dfrac{y}{r+y}$	$\sigma = E\dfrac{y}{\rho}$
中性轴位置	$F_{\mathrm{N}} = \displaystyle\int_A \sigma \mathrm{d}A = 0$	不通过截面形心而偏于曲杆内侧的一边	通过截面形心
正应力公式	$M_z = \displaystyle\int_A y\sigma \mathrm{d}A = M$	$\sigma = \dfrac{My}{S\rho(y)}$	$\sigma = \dfrac{My}{I_z}$

平面曲杆的弯曲正应力计算公式为

$$\sigma = \frac{My}{S\rho(y)} \qquad (1-3)$$

式中，M 为横截面上的弯矩，当曲杆弯曲而使曲率增加（即外侧受拉）时，M 规定为正号；$\rho(y)$ 为在横截面上距中性轴为 y 处微线段的原始曲率半径（图 1-11b、c）；S 为横截面对中性轴的静矩，其值可按下式计算：

$$S = A(R_c - r) = A\bar{y} \qquad (1-4)$$

式中，$\bar{y} = R_c - r$ 为横截面的中性轴与形心轴间的距离；R_c 是曲杆微段轴线的原始曲率半径（图 1-11b、c）。可由有关公式计算出 r 值[①]，然后按上面的关系算出 $\bar{y}$。对于矩形和圆形截面的 $\bar{y}$，其计算公式分别为

$$\bar{y} = R_c - \frac{h}{\ln(R_1/R_2)} \qquad (1-5)$$

和

$$\bar{y} = R_c - \frac{d^2}{8R_c\left[1 - \sqrt{1 - \left(\dfrac{d}{2R_c}\right)^2}\right]} \qquad (1-6)$$

在上两式中，R_1 和 R_2 分别代表所取曲杆微段的最外缘和最内缘各线段的原始曲率半径；h 为矩形截面的高度，即与中性轴垂直的尺寸；d 为圆形截面的直径[②]。

　　以上讨论的是大曲率平面曲杆的正应力计算。当曲杆的横截面形心到其内侧边缘的距离 c 小于 $R_c/10$ 时，应用直梁弯曲正应力公式计算的结果，能满足工程上的精度要求。

例题 1-7　一半径为 $R_c = 40$ mm 的半圆形钢制曲杆，其横截面尺寸为 $b = 10$ mm 和 $h = 20$ mm，横截面 $m-m$ 上的弯矩 $M = -60$ N·m，如图所示。试按求 $\bar{y}$ 的精确公式和近似公式分别求出曲杆横截面 $m-m$ 上的最大弯曲正应力 $\sigma_{\max}$，并与按直梁公式计算的结果作比较。

　　解：（1）按 $\bar{y}$ 的精确公式

　　由于横截面为矩形，故应按式（1-5）计算 $\bar{y}$，得

$$\bar{y} = R_c - \frac{h}{\ln(R_1/R_2)} = 40 \text{ mm} - \frac{20 \text{ mm}}{\ln(50 \text{ mm}/30 \text{ mm})}$$

---

①　例如，可参见杜庆华等编著，《材料力学》，下册，§19-2，人民教育出版社，1963 年。

②　近似计算公式为：矩形截面 $\bar{y} = \dfrac{h^2}{12R_c}$；圆形截面 $\bar{y} = \dfrac{d^2}{16R_c}$。参见孙训方等编，《材料力学》，上册，§12-3，人民教育出版社，1964 年。

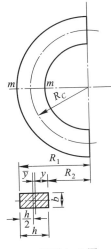

$$= 0.85 \text{ mm}$$

其中，

$$R_1 = R_C + \frac{h}{2} = 40 \text{ mm} + \frac{20 \text{ mm}}{2} = 50 \text{ mm}$$

$$R_2 = R_C - \frac{h}{2} = 40 \text{ mm} - \frac{20 \text{ mm}}{2} = 30 \text{ mm}$$

将 $\bar{y}$ 代入式（1-4），得

$$S = A\bar{y} = bh\,\bar{y} = 10 \text{ mm} \times 20 \text{ mm} \times 0.85 \text{ mm} = 170 \text{ mm}^3$$

由已知的 $M = -60$ N·m 可知，最大拉应力在曲杆内侧，故应取 y 如图所示，其值为

例题 1-7 图

$$y = \frac{h}{2} - \bar{y} = \frac{20 \text{ mm}}{2} - 0.85 \text{ mm} = 9.15 \text{ mm}$$

将 S、y 和已知的 R_2、M 代入式（1-3），得

$$\sigma_{\max} = \frac{My}{S\rho(y)} = \frac{My}{SR_2} = \frac{60 \text{ N·m} \times (9.15 \times 10^{-3} \text{ m})}{(170 \times 10^{-9} \text{ m}^3) \times (30 \times 10^{-3} \text{ m})}$$

$$= 107.6 \times 10^6 \text{ Pa} = 107.6 \text{ MPa} \tag{1}$$

（2）按 $\bar{y}$ 的近似公式

对矩形截面，应按上页注②中近似公式计算 $\bar{y}$，于是得

$$\bar{y} = \frac{h^2}{12R_C} = \frac{(20 \text{ mm})^2}{12 \times 40 \text{ mm}} = 0.833 \text{ mm}$$

将 $\bar{y}$ 的近似值代入式（1-4），得

$$S = A\bar{y} = (10 \text{ mm} \times 20 \text{ mm}) \times 0.833 \text{ mm} = 166.6 \text{ mm}^3$$

与近似的 $\bar{y}$ 相应的 y 为

$$y = \frac{h}{2} - \bar{y} = \frac{20 \text{ mm}}{2} - 0.833 \text{ mm} = 9.17 \text{ mm}$$

将 S、y 和已知的 R_2、M 代入式（1-3），得

$$\sigma_{\max} = \frac{My}{S\rho(y)} = \frac{My}{SR_2} = \frac{60 \text{ N·m} \times (9.17 \times 10^{-3} \text{ m})}{(166.6 \times 10^{-9} \text{ m}^3) \times (30 \times 10^{-3} \text{ m})}$$

$$= 110.1 \times 10^6 \text{ Pa} = 110.1 \text{ MPa} \tag{2}$$

（3）按直梁公式

将已知数据代入直梁对称弯曲正应力公式，并由 $W_z = \dfrac{bh^2}{6}$，得

$$\sigma_{\max} = \frac{M}{W_z} = \frac{M}{bh^2/6} = \frac{6 \times 60 \text{ N·m}}{(10 \times 10^{-3} \text{ m}) \times (20 \times 10^{-3} \text{ m})^2} = 90 \times 10^6 \text{ Pa} = 90 \text{ MPa} \tag{3}$$

比较式（1）、式（2）可知，按 $\bar{y}$ 的近似公式求解，在本例题中误差仅为

$\dfrac{110.1-107.6}{107.6}\times100\%\approx2.3\%<5\%$，是允许的。但比较式（1）、式（3），其误差为

$\dfrac{107.6-90}{107.6}\times100\%=16.4\%$，说明在本例题的$\dfrac{R_c}{c}=\dfrac{40\ \text{mm}}{20\ \text{mm}/2}=4$的情况下（$c$为横截面形心到曲杆内侧边缘的距离），已不能用直梁公式作近似计算。

思　考　题

1-1　试列出推导非对称纯弯曲梁正应力的普遍公式（1-1）时的变形几何相容条件、物理关系及静力学关系式。

1-2　试问在式（1-1）中弯矩分量M_y和M_z的正负是如何判定的？

1-3　试问梁在发生非对称弯曲时，如何判定中性轴与y轴间夹角θ的正负？

1-4　悬臂梁在自由端承受横向力F，梁横截面的形状及横向力作用线的方向分别如图a、b、c、d、e所示。试问各梁将发生什么变形？

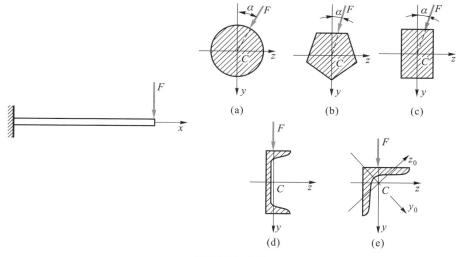

思考题 1-4 图

1-5　何谓弯曲中心（剪切中心）？试问弯曲中心的位置是否与外力的大小、作用线方向、截面的几何形状，以及材料的物性有关？为什么？

1-6　试问平面大曲率杆纯弯曲时，为何中性层偏于曲杆的内侧？在什么条件下可用直梁的公式作近似计算，并得到足够精确的结果？

习　　题

1-1　截面为 16a 号槽钢的简支梁，跨长 $l=4.2\ \text{m}$，受集度为 $q=2\ \text{kN/m}$ 的均布荷载作用。

梁放在 $\varphi = 20°$ 的斜面上,如图所示。若不考虑扭转的影响,试确定梁危险截面上 A 点和 B 点处的弯曲正应力。

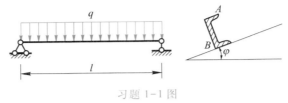

习题 1-1 图

1-2 图示跨长 $l = 4$ m 的简支梁,由 200 mm×200 mm×20 mm 的等边角钢制成,在梁跨中点受集中力 $F = 25$ kN 作用。试求最大弯矩截面上 A、B 和 C 点处的正应力。

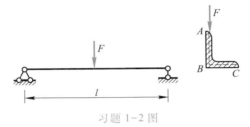

习题 1-2 图

1-3 Z 字形截面简支梁在跨中受一集中力作用,如图所示。已知该截面对通过截面形心的一对相互垂直的轴 y、z 的惯性矩和惯性积分别为 $I_z = 5.75 \times 10^{-4}$ m^4、$I_y = 1.83 \times 10^{-4}$ m^4 和 $I_{yz} = 2.59 \times 10^{-4}$ m^4。试求梁的最大弯曲正应力。

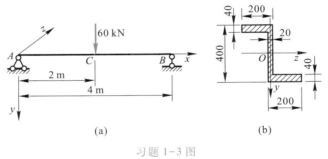

(a)   (b)

习题 1-3 图

1-4 由两种材料制成的矩形截面组合梁如图 1-6a 所示。在对称纯弯曲时横截面上的弯矩为 M,其中性轴位置由图中的 y_n 确定,试证明:

(1)中性轴位置 y_n 为

$$y_n = \frac{E_1 A_1 y_{C1} + E_2 A_2 y_{C2}}{E_1 A_1 + E_2 A_2}$$

(2)中性层曲率为

$$\frac{1}{\rho}=\frac{M}{E_1 I_{z1}+E_2 I_{z2}}$$

（3）弯曲正应力为

$$\sigma_i=\frac{ME_i y}{E_1 I_{z1}+E_2 I_{z2}}\quad(i=1,2)$$

各式中，E_1、E_2；A_1、A_2；y_{C1}、y_{C2}；I_{z1}、I_{z2}分别为材料 1 和材料 2 的弹性模量；截面面积；截面形心到横截面底边的距离；截面对中性轴的惯性矩。y 为所求点的坐标。

1-5　一用钢板加固的木梁承受集中荷载 $F=30\,kN$ 作用，如图所示。钢和木材的弹性模量分别为 $E_s=200\,GPa$ 及 $E_w=10\,GPa$。试求危险截面上钢和木材部分的最大弯曲正应力。

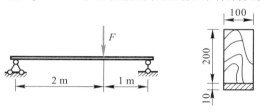

习题 1-5 图

1-6　试判断图示各截面的弯曲中心的大致位置。若图示横截面上的剪力 F_S 指向向下，试画出这些截面上的切应力的指向。

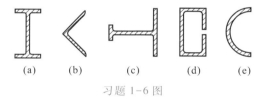

(a)　　(b)　　(c)　　(d)　　(e)

习题 1-6 图

1-7　试确定图示薄壁截面的弯曲中心 A 的位置。

* **1-8**　梁的横截面如图所示，假设腹板很薄，其面积与翼缘的面积 A_1 相比可忽略不计。试求截面弯曲中心 A 的位置。

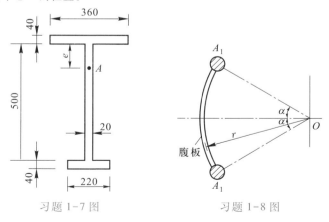

习题 1-7 图　　　　　习题 1-8 图

1-9   由两根不同材料的矩形截面 $\frac{b}{2} \times h$ 杆粘结而成的悬臂梁,如图所示。两材料的弹性模量分别为 E_1 和 E_2,且 $E_1 > E_2$。若集中荷载 F 作用在梁的纵对称面(即粘合面)内,试求材料 1 和 2 截面上所承受的剪力 F_{S1} 和 F_{S2},并确定弯曲中心 A 的位置。

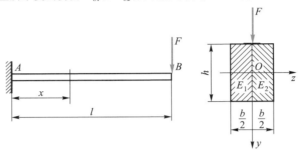

习题 1-9 图

1-10   图示半径 $R_C = 40$ mm 的钢制曲杆,杆的横截面为圆形,其直径 $d = 20$ mm。曲杆横截面 $m-m$ 上的弯矩 $M = -60$ N·m。试按计算 $\overline{y}$ 的精确公式和近似公式分别求出曲杆横截面 $m-m$ 上的最大弯曲正应力 $\sigma_{\max}$,并与按直梁正应力公式计算的结果相比较。

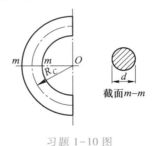

截面 $m-m$

习题 1-10 图

第二章 考虑材料塑性的极限分析

§2-1 塑性变形·塑性极限分析的假设

到目前为止,所讨论的受力构件的应力、应变和位移计算,均限定于构件材料在线弹性范围内。弹性变形是随荷载的卸除而消失的变形,其应力-应变关系是单值的(在线弹性情况下遵循胡克定律),且与加载的历程无关。在工程实际中,材料往往会超出弹性范围而产生塑性变形,如冲压成形、构件的短期过载等。同时,规定材料不得出现塑性变形的弹性设计方法,并未充分发挥材料的承载能力。例如,在圆轴扭转和梁的弯曲中,构件内的最大应力仅发生在危险截面的危险点处(通常在构件的表面处)。当最大应力达到屈服极限时,危险截面内部大部分材料仍处于弹性范围,构件仍能继续承受或增加荷载,而不致发生大的塑性变形。因此,考虑材料的塑性,对于进一步认识材料、充分发挥材料的作用是必要的。

Ⅰ.塑性变形的特征

由拉伸实验可知,低碳钢等金属材料在达到一定的应力水平后,会发生明显的塑性变形。塑性变形的主要特征是:

(1)塑性变形是不可逆的永久变形,一旦产生以后,即使荷载卸除也不会消失。而且,产生塑性变形后再卸除荷载,往往会导致受力构件内出现残余应力。

(2)应力超过弹性范围后,应力-应变呈非线性关系。

(3)塑性变形与加载的历程有关。应力超过弹性范围后,卸载时的应力-应变关系基本上按平行于弹性阶段的直线呈线性关系,直至达到材料在反向时的屈服极限 σ'_s(图 2-1a),这就是材料的卸载规律。因此,在考虑材料的塑性变形时,对于同一应力水平 σ,不同的加载历程所对应的应变值不同(图 2-1b)。反之,对于同一应变值 ε,不同加载历程所对应的应力值也不相同(图 2-1c)。因此,其应力-应变关系是多值的,只有明确了加载历程,才能得到应力、应变间的对应关系。

（4）金属材料的塑性变形量远大于弹性变形量。当应力超过弹性范围后，其总应变包含弹性应变 ε_e 和塑性应变 ε_p 两部分（图 2-1a）。金属弹性应变的总量一般不超过 0.5%~1%，而塑性应变的总量要大得多，如表示最大塑性变形量的断后伸长率 δ，一般可达百分之几十，超塑性材料可达百分之几百。

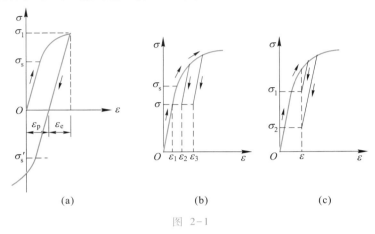

图 2-1

最后必须指出，通常所说的塑性变形，是指在常温下、与时间无关的不会消失的永久变形。在高温下随承载持续时间而引起的塑性变形，称为**蠕变**，将在第七章中作简要的介绍。

Ⅱ. 塑性极限分析的假设

在弹性分析中已知，完整地求解一个材料力学问题，一般需考虑静力平衡条件、变形的几何相容条件和力-变形间的物理关系三方面。在考虑材料塑性的问题中，同样需考虑静力、几何和物理三方面，只是由于塑性变形与加载历程有关，且应力-应变间的非线性关系，使求解变得复杂。在工程实际中，为简化计算，通常作如下的假设：

（1）荷载为单调增加的静荷载。若有多个荷载同时作用，则各个荷载按比例同时由零增至最终值。满足上述加载方式的荷载，称为**简单加载**。

（2）结构（或构件）虽已局部产生塑性变形，但其总体的变形仍然足够小，因而其变形的几何相容关系仍保持为线性。当结构（或构件）由于大的塑性变形而变为几何可变机构时，则称结构（或构件）达到了**极限状态**。

（3）结构（或构件）在达到极限状态之前，应始终保持为几何不变体系。

（4）材料具有屈服阶段，在塑性变形较小时，材料的应力-应变关系可理想化为理想塑性模型。其中，一种是不考虑弹性变形的影响，即材料在达到屈服极限之前,应变为零。而在达到屈服极限后,应力保持不变,应变可持续增长,其应力-应变关系曲线如图 2-2a 所示,称为 刚性-理想塑性模型。另一种是考虑弹性变形的影响,即材料在屈服极限前,应力-应变关系保持为线性,并服从胡克定律。在达到屈服极限后,应力保持不变而应变可继续增长,其应力-应变关系曲线如图2-2b所示,称为 弹性-理想塑性模型。

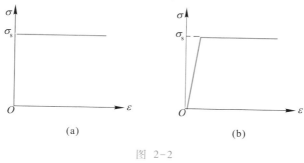

图 2-2

根据上述假设可见,在结构塑性分析时,其静力平衡条件和变形的几何相容关系与以前的弹性分析相同,仅是应力-应变间的物理关系,应根据图 2-2 的理想模型进行分析。为了与弹性分析相比较,下面采用弹性-理想塑性模型(图 2-2b),来说明结构塑性分析的基本方法。

§2-2 拉、压杆系的极限荷载

对于静定的拉、压杆系,当其中受力最大的一杆的应力达到材料的屈服极限时,结构就将产生大的塑性变形而达到极限状态。因此,结构的极限荷载与弹性分析中最大应力达到屈服极限,使杆件开始屈服时的荷载相同。但对于一次超静定结构,当其中受力最大的杆件的应力达到材料的屈服极限,而使该杆开始屈服时,由于超静定结构存在多余约束,结构并不会产生大的塑性变形。若继续增加荷载,则开始屈服的杆件,其应力保持不变(即保持为屈服极限 σ_s),而其他杆件的应力继续增长,直至其他某一杆内的应力也达到屈服极限时,结构开始大的塑性变形成为几何可变机构,而使结构达到极限状态。结构(或构件)开始出现塑性变形时的荷载,称为 屈服荷载,并记为 F_s。使结构(或构件)处于极限状态的荷载,称为 极限荷载,记为 F_u。显然,按弹性设计时,结构的破坏荷载为屈服荷载 F_s;考虑材料塑性的极限分析时,结构的破坏荷载为极限荷载 F_u,从而提高了结构的承载能力。下面以超静定的杆系为例,来说明拉、压超静定结构的极限分析。

例题 2-1 设三杆铰接的超静定桁架如图 a 所示,三杆的材料相同,其材料为弹性–理想塑性(图 b),弹性模量为 E,屈服极限为 σ_s。三杆的横截面面积均为 A,承受铅垂荷载 F 作用。试求结构的屈服荷载 F_s 和极限荷载 F_u。

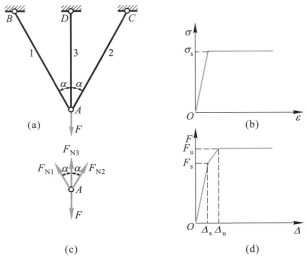

例题 2-1 图

解:(1)弹性分析

图 a 所示结构为一次超静定结构。当荷载 F 不大时,三杆均处于弹性状态。设三杆的轴力分别为 F_{N1}、F_{N2} 和 F_{N3}(图 c),结点 A 的静力平衡方程为

$$\sum F_x = 0, \quad F_{N2}\sin\alpha - F_{N1}\sin\alpha = 0$$

$$F_{N1} = F_{N2} \tag{1}$$

$$\sum F_y = 0, \quad F_{N3} + 2F_{N1}\cos\alpha - F = 0$$

$$F = F_{N3} + 2F_{N1}\cos\alpha = A(\sigma_3 + 2\sigma_1\cos\alpha) \tag{2}$$

几何相容方程

$$\Delta l_1 = \Delta l_3 \cos\alpha$$

$$\varepsilon_1 = \varepsilon_3 \cos^2\alpha \tag{3}$$

物理关系

$$\varepsilon_1 = \frac{\sigma_1}{E}, \quad \varepsilon_3 = \frac{\sigma_3}{E} \tag{4}$$

将物理关系式(4)代入几何相容方程(3),并与静力平衡方程(2)联立求解,即得各杆的应力为

$$\sigma_1 = \sigma_2 = \frac{F\cos^2\alpha}{A(1 + 2\cos^3\alpha)}, \quad \sigma_3 = \frac{F}{A(1 + 2\cos^3\alpha)} \tag{5}$$

（2）屈服荷载

由式（5）可见，中间杆 3 内的应力大于两侧斜杆内的应力。若增大荷载 F，则中间杆内的应力首先达到材料的屈服极限 σ_s，结构开始产生塑性变形。这时，结构的荷载为屈服荷载 F_s，其值由式（5）可得，即

$$F_s = \sigma_s A (1 + 2\cos^3 \alpha) \tag{6}$$

显然，结构承受屈服荷载 F_s 时，虽然结构开始产生塑性变形，但并未丧失继续承载的能力。若继续增大荷载，则中间杆的应力保持为 σ_s，而两侧斜杆的应力继续增长。当荷载大于屈服荷载但小于极限荷载（$F_s < F < F_u$）时，结构处于弹性-塑性状态。这时，由静力平衡条件，不难求得各杆的应力为

$$\sigma_1 = \sigma_2 = \frac{(F/A) - \sigma_s}{2\cos \alpha}, \quad \sigma_3 = \sigma_s \tag{7}$$

（3）极限荷载

继续增大荷载，当两侧斜杆内的应力达到屈服极限 σ_s 时，结构开始发生大的塑性变形，整个结构进入完全塑性状态而达到极限状态。由静力平衡方程，即得极限荷载为

$$F_u = \sigma_s A (1 + 2\cos \alpha) \tag{8}$$

由式（6）和式（8），可得极限荷载与屈服荷载的比值为

$$\frac{F_u}{F_s} = \frac{1 + 2\cos \alpha}{1 + 2\cos^3 \alpha} \tag{9}$$

若 $\alpha = 45°$，则 $F_u/F_s = 1.41$。

若以 Δ 表示三杆铰接点 A 的铅垂位移，则荷载 F 与铅垂位移 Δ 之间的关系如图 d 所示，图中 Δ_s 和 Δ_d 分别表示结构在屈服荷载 F_s 和刚达到极限荷载 F_u 时，结点 A 的铅垂位移。

例题 2-2 横截面面积为 A 的等直杆 AB 两端固定，在截面 C 处承受轴向外力 F 作用，如图 a 所示。杆材料可理想化为弹性-理想塑性，弹性模量为 E，屈服极限为 σ_s，且拉、压时相同，如图 b 所示。试求：

（1）杆件的屈服荷载 F_s 及截面 C 相应的位移 δ_{Cs}；

（2）杆件的极限荷载 F_u 及截面 C 相应的位移 δ_{Cu}；

（3）卸载后，杆件的残余应力及截面 C 的残余位移。

解：（1）屈服荷载及相应位移

当杆件处于线弹性阶段，由静力平衡方程（图 c），有

$$\sum F_y = 0, \quad F_A + F_B = F$$

由杆的变形几何相容方程 $\Delta l_a = \Delta l_b$，代入力-变形间物理关系，得补充方程

$$\frac{F_A a}{EA} = \frac{F_B b}{EA}$$

联立解得

$$F_A = \frac{Fb}{a+b}, \quad F_B = \frac{Fa}{a+b}$$

在 $a<b$ 的情况下，$F_A>|F_B|$，因此杆的 AC 段首先屈服。当 AC 段横截面上的应力达到屈服极限时，由静力平衡方程，可得杆件的屈服荷载为

$$F_s = \sigma_s A + \frac{(\sigma_s A)a}{b} = \sigma_s A\left(1+\frac{a}{b}\right) \qquad (1)$$

当 $F = F_s$ 时，截面 C 的位移为

$$\delta_{Cs} = \Delta a = \frac{\sigma_s}{E}a \, (\downarrow) \qquad (2)$$

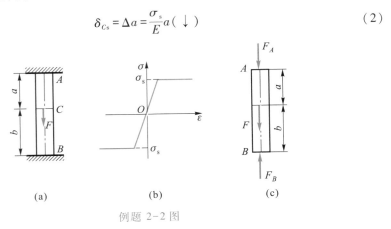

例题 2-2 图

（2）极限荷载及相应位移

当 BC 段横截面上的应力也达到屈服极限时，杆件达到极限状态。由静力平衡方程，得极限荷载为

$$F_u = \sigma_s A + \sigma_s A = 2\sigma_s A \qquad (3)$$

当 $F = F_u$ 时，截面 C 的位移可任意增大。若考虑杆开始进入极限状态的瞬时，则截面 C 的位移可理解为 $F_B \to \sigma_s A$ 的极限值，即得

$$\delta_{Cu} = \lim_{F_B \to \sigma_s A} \Delta l_b = \frac{\sigma_s}{E}b \, (\downarrow) \qquad (4)$$

（3）残余应力及残余位移

卸载（即反向加力 F_u）时，应力-应变关系遵循线性关系，且 AC 段受压、BC 段受拉。由卸载引起的应力和位移分别为

$$\Delta\sigma_{AC} = \frac{F_u b}{(a+b)A} = \frac{2\sigma_s b}{a+b}(-), \quad \Delta\sigma_{BC} = \frac{2\sigma_s a}{a+b}(+)$$

$$\Delta\delta_C = \frac{\Delta\sigma_{AC}}{E}a = \frac{2\sigma_s ab}{E(a+b)}(\uparrow)$$

于是,可得残余应力和残余位移分别为

$$\sigma^{\circ}_{AC} = \sigma_s - \Delta\sigma_{AC} = \frac{a-b}{a+b}\sigma_s(压应力) \tag{5}$$

$$\sigma^{\circ}_{BC} = -\sigma_s + \Delta\sigma_{BC} = \frac{a-b}{a+b}\sigma_s(压应力) \tag{6}$$

$$\delta^{\circ}_C = \delta_{Cu} - \Delta\delta_C = \frac{\sigma_s}{E}b - \frac{2\sigma_s ab}{E(a+b)} = \frac{\sigma_s}{E} \cdot \frac{b^2-ab}{a+b}(\downarrow) \tag{7}$$

§2-3 　等直圆杆扭转时的极限扭矩

设直径为 d,长度为 l 的等直圆杆承受扭转外力偶矩 M_e 的作用(图 2-3a),圆杆的材料为弹性-理想塑性,其切应力 τ 与切应变 γ 的关系如图 2-3b 所示,材料的切变模量为 G。

在弹性阶段,圆杆横截面上任一点处的切应力与该点到圆心的距离成正比。横截面上的最大切应力和两端面间的相对扭转角分别为

$$\tau_{max} = \frac{T}{W_p} = \frac{16M_e}{\pi d^3} \tag{a}$$

$$\varphi = \frac{Tl}{GI_p} = \frac{2\tau_{max}l}{Gd} \tag{b}$$

当其横截面上的最大切应力达到材料的剪切屈服极限时,则沿横截面任一直径上切应力的变化情况将如图 2-3c 中的实线所示。这时,杆件开始屈服产生塑性变形,横截面上的扭矩为**屈服扭矩**,其值为

$$T_s = W_p\tau_s = \frac{\pi d^3}{16}\tau_s \tag{c}$$

这就是等直圆杆在线弹性范围内工作时扭矩的极限值。而杆件两端面间的相对扭转角为

$$\varphi_s = \frac{2\tau_s l}{Gd} \tag{d}$$

当继续增大扭转外力偶矩,截面内的扭矩也随之增大。截面周边处的切应变增大,但其切应力仍保持为 τ_s。由于截面上任一点处的切应变仍然与该点到圆心的距离成正比,因而该直径上各点处的切应力将从周边向中心逐渐增大到 τ_s,如图 2-3c 中虚线所示。这时,杆件处于弹性-塑性阶段,杆件虽已产生塑性变形,但其值不大,是有限的。

当截面各点处的切应力均达到 τ_s 时(图 2-3d),则横截面上各点处均将发生塑性变形,整个截面进入完全塑性状态。这时,不需要再增大外力偶矩,杆件

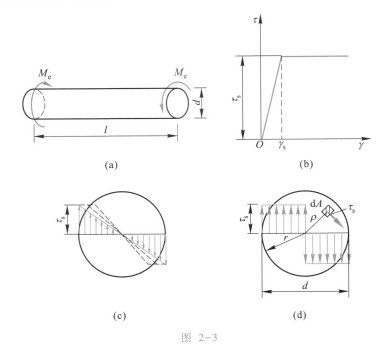

图 2-3

将继续产生扭转变形,而引起大的塑性变形,也即杆件达到极限状态。对应于极限状态的 **极限扭矩** 为

$$T_{\mathrm{u}} = \int_A \rho \tau_{\mathrm{s}} \mathrm{d}A$$

将式中的 $\mathrm{d}A$ 用环状面积元素 $2\pi\rho\mathrm{d}\rho$ 表示,则有

$$T_{\mathrm{u}} = 2\pi\tau_{\mathrm{s}} \int_0^{d/2} \rho^2 \mathrm{d}\rho = \frac{\pi d^3}{12}\tau_{\mathrm{s}} \qquad (2-1)$$

　　将上式的 T_{u} 与式(c)的 T_{s}(即在弹性范围工作时扭矩的极限值)相比较。可见当考虑材料塑性时,同一圆杆所对应的扭矩的极限值可增大 33%。显然,增加了圆杆的承载能力。

　　若等直圆杆在达到极限扭矩 T_{u} 后,卸除荷载,即反向施加外力偶矩 $M_{\mathrm{e}} = T_{\mathrm{u}}$,则圆杆的横截面将有 **残余应力** 存在。注意到在卸载时,由于横截面上的切应力 $\tau \le \tau_{\mathrm{s}}$,因此,$T\text{-}\varphi$ 关系为线性关系(图 2-4a),则可得横截面上的残余应力如图 2-4b所示。

　　残余应力具有如下的特征:

　　(1)由于卸载后圆杆的外力偶矩 $M_{\mathrm{e}} = 0$,横截面上的扭矩 $T = M_{\mathrm{e}} = 0$,因而横截面上的残余应力必自相平衡。由图 2-4b 可得

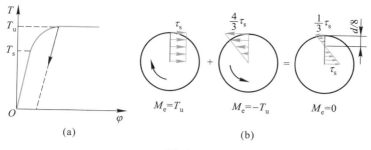

图 2-4

$$T = \int_{3d/8}^{d/2} \left(\frac{\tau_s}{3} \cdot \frac{\rho - \frac{3}{8}d}{d/8} \right) (2\pi\rho d\rho)\rho - \int_0^{3d/8} \left(\tau_s \cdot \frac{3d/8 - \rho}{3d/8} \right) (2\pi\rho d\rho)\rho = 0$$

（2）残余应力的最大值为 τ_s。如在卸载后，继续反向增大外力偶矩，当外力偶矩增大到 $M_e = -\frac{2}{3}T_s$ 时，横截面周边处的切应力将达到 τ_s。若继续增大外力偶矩，$\tau - \gamma$ 关系将不再保持线性关系，就不能应用简单的线性叠加。

例题 2-3　一空心圆截面轴（图 a）由低碳钢制成，材料可理想化为弹性-理想塑性，剪切屈服极限为 τ_s（图 b）。试求其极限扭矩 T_u 与屈服扭矩 T_s 的比值。

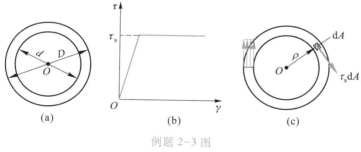

例题 2-3 图

解：设空心圆轴的内、外径之比为

$$\frac{d}{D} = \alpha$$

（1）屈服扭矩 T_s

当 $T = T_s$ 时，横截面上最大切应力达到 τ_s。由

$$\tau_{max} = \tau_s = \frac{T_s}{W_p} = \frac{T_s}{\frac{\pi D^3}{16}(1-\alpha^4)} \tag{1}$$

可得

$$T_s = \frac{\tau_s \pi D^3 (1 - \alpha^4)}{16}$$

（2）极限扭矩 T_u

当 $T = T_u$ 时，横截面上切应力全部达到 τ_s（图 c）。于是可得

$$T_u = \int_{d/2}^{D/2} \tau_s (2\pi\rho \, d\rho) \rho = \frac{\tau_s \pi D^3 (1 - \alpha^3)}{12} \tag{2}$$

极限扭矩与屈服扭矩的比值为

$$\frac{T_u}{T_s} = \frac{4(1 - \alpha^3)}{3(1 - \alpha^4)} \tag{3}$$

§2-4 梁的极限弯矩·塑性铰

Ⅰ. 纯弯曲梁的极限弯矩

设一承受纯弯曲的矩形截面梁（图 2-5a），材料可理想化为弹性-理想塑性模型，且在拉伸和压缩时的弹性模量 E 和屈服极限 σ_s 均相同，其 σ-ε 关系如图 2-5b 所示。

在线弹性范围内，梁横截面上任一点处的正应力与该点到中性轴的距离成正比，其中性轴为横截面的水平对称轴。横截面上的最大正应力和梁弯曲变形的曲率分别为

$$\sigma_{max} = \frac{M}{W} = \frac{6}{bh^2} M_e \tag{a}$$

$$\frac{1}{\rho} = \frac{M}{EI} = \frac{\sigma_{max}}{E} \cdot \frac{2}{h} \tag{b}$$

当梁横截面上的最大正应力达到材料的屈服极限时，正应力沿横截面高度的变化规律将如图 2-5c 中的实线所示。这时，梁开始屈服发生塑性变形。横截面上的弯矩为屈服弯矩，其值为

$$M_s = W\sigma_s = \frac{bh^2}{6} \cdot \sigma_s \tag{c}$$

而梁的曲率为

$$\left(\frac{1}{\rho}\right)_s = \frac{\sigma_s}{E} \cdot \frac{2}{h} \tag{d}$$

若继续增大外力偶矩，则截面上的弯矩也随之增大。随着线应变的增大，横

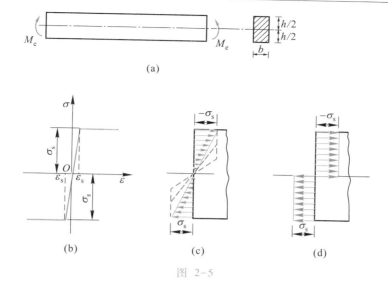

图 2-5

截面上的正应力达到 σ_s 的区域将由其上、下边缘逐渐向中性轴扩展,即线应变 $\varepsilon=\varepsilon_s$ 的点处的正应力达到 σ_s,而 $\varepsilon>\varepsilon_s$ 各点处的正应力均保持为 σ_s。与其相应的正应力沿横截面高度的变化规律将如图 2-5c 中的虚线所示。这时,梁处于弹性-塑性阶段,梁虽已产生塑性变形,但其值不大,是有限的。

当整个横截面上各点处的正应力均达到 σ_s 时(图 2-5d),则整个截面进入完全塑性状态,梁将发生明显的塑性变形而达到极限状态。

若将横截面上受拉部分的面积记为 A_t,受压部分的面积记为 A_c。则由静力学关系,整个横截面上法向内力元素所组成的合力 F_N 应等于零(图 2-6),即

$$F_N = \int_{A_t} \sigma_s \, dA + \int_{A_c} (-\sigma_s) \, dA = 0 \qquad (e)$$

由此得

$$A_t = A_c \qquad (2-2)$$

由此可见,与弹性分析相同,横截面上轴力 $F_N = 0$ 也是确定中性轴的条件。即当梁达到极限状态时,中性轴将横截面分为两个面积相等的部分。对于具有水平对称轴的横截面,如矩形、工字形、圆形等截面,其中性轴与该对称轴重合,即与梁在线弹性范围内工作时的中性轴位置相同。而对于无水平对称轴的横截面,如 T 字形截面等,其中性轴将与线弹性范围内工作时的中性轴位置不同,中性轴将随塑性区的增加而不断移动。

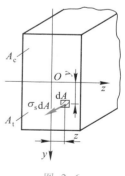

图 2-6

在极限状态下,由横截面上法向内力元素所组成的力偶矩就是梁的极限弯矩 M_u(图 2-6),其值为

$$M_u = \int_{A_t} y\sigma_s dA + \int_{A_c} (-y)(-\sigma_s) dA$$

$$= \sigma_s \left[\int_{A_t} y dA + \int_{A_c} y dA \right]$$

$$= \sigma_s (S_t + S_c) \qquad\qquad (f)$$

式中, $S_t = \int_{A_t} y dA$、$S_c = \int_{A_c} y dA$ 分别为横截面中 A_t、A_c 两部分面积对中性轴的静矩,均取正值。若将上式改写为

$$M_u = \sigma_s W_s \qquad\qquad (2-3)$$

则

$$W_s = S_t + S_c \qquad\qquad (2-4)$$

式中, W_s 称为塑性弯曲截面系数,其单位为 m^3 或 mm^3。

对于具有水平对称轴的横截面,显然有 $S_t = S_c$。对图 2-5a 中所示高为 h、宽为 b 的矩形截面,则有

$$S_t = S_c = \frac{bh}{2} \cdot \frac{h}{4} = \frac{bh^2}{8}$$

于是,可得矩形截面梁的极限弯矩为

$$M_u = \sigma_s W_s = \sigma_s (S_t + S_c) = \frac{bh^2}{4} \cdot \sigma_s \qquad\qquad (2-5)$$

将式(2-3)的极限弯矩 M_u 与式(c)的屈服弯矩 M_s 相比较,可得

$$M_u / M_s = W_s / W \qquad\qquad (g)$$

对于矩形截面,有

$$M_u / M_s = W_s / W = 1.5 \qquad\qquad (h)$$

不同的截面形状,其比值也就不同。现将工程中几种常用截面的 W_s / W(也即 M_u / M_s)比值,列于表 2-1 中,以供参考。

若矩形截面梁在达到极限弯矩 M_u 后,卸除荷载,则梁的横截面将存在残余应力。残余应力在横截面上的分布情况如图 2-7 所示。

表 2-1　几种常用截面的 W_s / W 比值

截面形状	I	○	▨	◉
$\dfrac{W_s}{W}$	1.15 ~ 1.17	1.27	1.5	1.70

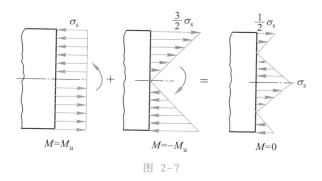

图 2-7

例题 **2-4** 图示倒 T 字形截面梁,材料可视为弹性-理想塑性,其屈服极限 $\sigma_s = 235$ MPa。试求该梁的极限弯矩。

解:(1)塑性弯曲截面系数

由于该截面无水平对称轴,故塑性弯曲截面系数

$$W_s = S_t + S_c \qquad (1)$$

为求 S_t 和 S_c,须先确定中性轴的位置。设以 y 表示翼缘底边到中性轴的距离,由式(2-2)可得

$$50 \text{ mm} \times 160 \text{ mm} + 50 \text{ mm} \times (y - 50 \text{ mm})$$

$$= 50 \text{ mm} \times (250 \text{ mm} - y)$$

解得

例题 2-4 图

$$y = \frac{1}{2} \times (250 \text{ mm} + 50 \text{ mm} - 160 \text{ mm}) = 70 \text{ mm} \quad (2)$$

中性轴位置确定之后,S_t 和 S_c 便可由下式算出:

$$S_t = 160 \text{ mm} \times 50 \text{ mm} \times 45 \text{ mm} + 50 \text{ mm} \times 20 \text{ mm} \times 10 \text{ mm}$$

$$= 37 \times 10^4 \text{ mm}^3 = 37 \times 10^{-5} \text{ m}^3$$

$$S_c = 180 \text{ mm} \times 50 \text{ mm} \times 90 \text{ mm} = 81 \times 10^4 \text{ mm}^3 = 81 \times 10^{-5} \text{ m}^3$$

将 S_t 和 S_c 代入式(1),即得

$$W_s = S_t + S_c = 118 \times 10^{-5} \text{ m}^3$$

(2)极限弯矩

将有关数据代入式(2-3),即得该截面梁的极限弯矩为

$$M_u = \sigma_s W_s = (235 \times 10^6 \text{ Pa}) \times (118 \times 10^{-5} \text{ m}^3)$$

$$= 277\,300 \text{ N} \cdot \text{m} = 277.3 \text{ kN} \cdot \text{m}$$

作为练习,建议读者自行算出该倒 T 字形截面梁的比值 M_u/M_s。

例题 **2-5** 尺寸为 $b \times h$ 的矩形截面直杆用力绕半径为 R 的刚性心轴弯曲,

而使杆处于完全塑性状态（即横截面上各点处的应力全部达到屈服极限），并成如图 a 所示的形状。杆材料可视为弹性-理想塑性,拉伸和压缩时的弹性模量 E、屈服极限 σ_s 均相同。试求杆从心轴上松开时,杆的曲率和残余应力。

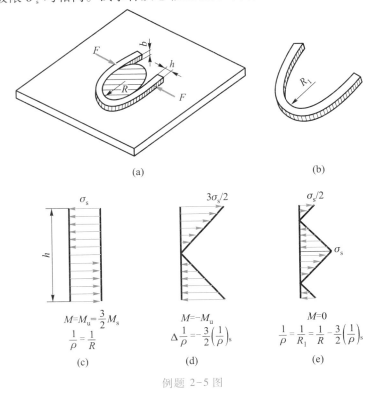

例题 2-5 图

解：（1）加载时极限弯矩及曲率

杆的屈服弯矩及其曲率为

$$M_s = \sigma_s W = \sigma_s \frac{bh^2}{6}$$

$$\left(\frac{1}{\rho}\right)_s = \frac{M_s}{EI} = \sigma_s \frac{2}{Eh}$$

加载时,杆处于完全塑性状态（图 c）,其极限弯矩及曲率为

$$M_u = \sigma_s W_s = \sigma_s \frac{bh^2}{4} = \frac{3}{2}M_s$$

$$\left(\frac{1}{\rho}\right)_u = \frac{1}{R}$$

（2）卸载时的残余应力及曲率

卸载时,材料服从胡克定律,截面上的应力如图 d 所示,其曲率改变为

$$\Delta\left(\frac{1}{\rho}\right) = \frac{M_u}{EI} = \frac{3}{2}\frac{M_s}{EI} = \frac{3}{2}\left(\frac{1}{\rho}\right)_s$$

于是,得卸载后的残余应力如图 e 所示,而杆的曲率（图 b）为

$$\frac{1}{R_1} = \frac{1}{R} - \Delta\left(\frac{1}{\rho}\right) = \frac{1}{R} - \frac{3}{2}\left(\frac{1}{\rho}\right)_s$$

$$= \frac{1}{R} - \frac{\sigma_s}{E}\frac{3}{h}$$

杆件绕心轴弯曲而处于完全塑性的状态,称为塑性成形;而放松后的曲率改变,称为弹性后效。当金属材料进行塑性成形加工,而其尺寸需满足公差要求时,就必须考虑弹性后效的影响。

Ⅱ. 横力弯曲梁的极限荷载·塑性铰

对于在横向外力作用下的静定梁,考虑材料塑性时梁的极限荷载,可以根据最大弯矩所在截面的极限弯矩进行计算。下面以矩形截面的简支梁为例,来介绍有关内容。

设一矩形截面（$b \times h$）的简支梁在跨长 l 的中点处承受集中荷载 F,如图2-8a所示。梁材料可理想化为弹性-理想塑性模型,其拉伸和压缩时的弹性模量 E、屈服极限 σ_s 分别相等。显然,梁的最大弯矩将发生在跨长中点处的横截面上,其值为

$$M_{max} = \frac{Fl}{4}$$

当最大弯矩小于屈服弯矩 M_s 时,危险截面上的最大正应力小于屈服极限 σ_s,梁处于弹性状态;当最大弯矩达到屈服弯矩 M_s 时,危险截面上的最大正应力达到材料的屈服极限 σ_s。与此相应的荷载为屈服荷载 F_s,其值为

$$M_s = \frac{F_s l}{4} = W\sigma_s = \frac{bh^2}{6}\sigma_s$$

即

$$F_s = \frac{2}{3}\frac{bh^2}{l}\sigma_s \qquad (2-6)$$

梁在屈服荷载 F_s 作用下跨长中点处的曲率

$$\left(\frac{1}{\rho}\right)_s = \frac{\varepsilon_s}{h/2} = \frac{\sigma_s}{E}\frac{2}{h} \qquad (a)$$

当荷载继续增加,跨中截面上的弯矩 M 处于 $M_s < M < M_u$ 范围时,梁处于弹

性-塑性状态。跨中截面上的塑性区逐渐向中性轴扩展;而最大正应力达到屈服极限的截面,则从跨中截面逐渐向两侧延伸(图 2-8b)。若跨中截面上弹性区的边缘距中性轴的距离为 y_s,则截面上相应的弯矩 M 为

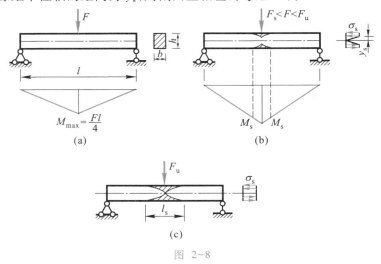

图 2-8

$$M = 2\left[\int_0^{y_s}\left(\sigma_s\frac{y}{y_s}b\mathrm{d}y\right)y + \int_{y_s}^{h/2}(\sigma_s b\mathrm{d}y)y\right]$$

$$= \frac{bh^2}{4}\left[1 - \frac{1}{3}\left(\frac{y_s}{h/2}\right)^2\right]\sigma_s \qquad (\text{b})$$

而梁跨长中点处相应的曲率为

$$\frac{1}{\rho} = \frac{\varepsilon_s}{y_s} = \left(\frac{1}{\rho}\right)_s\frac{h/2}{y_s} \qquad (\text{c})$$

当荷载增大到梁跨中截面上的弯矩达到极限弯矩 M_u 时,截面全部进入塑性状态(图 2-8c),弹性区消失,即 $y_s \to 0$。于是,由式(c)可见,梁跨长中点处的曲率趋于无限。也就是说,这时跨中截面两侧的两段梁,在极限弯矩不变的条件下,将绕截面的中性轴发生相对转动。由于截面达到完全塑性而引起的转动效应,犹如在该截面处安置了一个铰链,通常称其为塑性铰。显然,塑性铰并不等同于真实的铰链,而是由于截面达到完全塑性状态所引起的铰链效应。这时,截面上承受的弯矩即为极限弯矩。塑性铰所在截面两侧两段梁的转动方向,恒与极限弯矩的方向一致。当梁卸载,即截面上的弯矩小于极限弯矩时,塑性铰的效应也随之消失。

当简支梁跨中截面形成塑性铰后,梁成了具有一个自由度的几何可变机构,

而达到了极限状态,并产生明显的塑性变形。这时,梁所承受的荷载(即与塑性铰所承受的极限弯矩值相应的荷载),即为极限荷载 F_u。对于矩形截面简支梁,其极限荷载可由极限弯矩

$$M_u = W_s \sigma_s = \frac{bh^2}{4}\sigma_s = \frac{F_u l}{4}$$

求得为

$$F_u = \frac{bh^2}{l}\sigma_s \qquad\qquad (2-7)$$

在极限荷载作用下,梁塑性区的宽度 l_s 可由 $M(x) = M_s$,即

$$\frac{F_u}{2}\frac{l-l_s}{2} = M_s = \frac{bh^2}{6}\sigma_s$$

求得。将式(2-7)代入上式,即得

$$l_s = \frac{l}{3} \qquad\qquad (d)$$

由上述分析可见,对于静定梁,极限荷载 F_u 与梁内最大正应力达到屈服极限时的屈服荷载 F_s 的比值,等于极限弯矩 M_u 与屈服弯矩 M_s 之比。对于矩形截面,其比值为

$$\frac{F_u}{F_s} = \frac{M_u}{M_s} = 1.5 \qquad (e)$$

因而,考虑材料的塑性,可以提高梁的承载能力,且提高的比例与梁的许可弯矩提高的比例相同。

对于超静定梁,如图 2-9a 所示的一次超静定梁,由于"多余"约束的存在,当最大弯矩 M_A 达到极限弯矩 M_u 而形成塑性铰时,梁的承载能力并未达到极限,还可以继

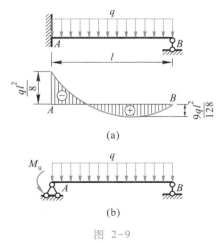

图 2-9

续增大荷载。这时,梁可视作承受均布荷载及力偶 $M_A = M_u$ 的简支梁(图2-9b)。只有当跨中某一截面上的弯矩也达到极限弯矩而形成塑性铰时,梁才形成一个自由度的机构,并产生大的塑性变形而达到极限状态。在这种情况下,梁的极限荷载 F_u 与屈服荷载 F_s 的比值,将大于极限弯矩 M_u 与屈服弯矩 M_s 的比值,即

$$F_u/F_s > M_u/M_s \qquad\qquad (f)$$

关于超静定梁的极限分析,本书不再详细讨论,读者可参阅有关专著[1]。

考虑材料的塑性时,超静定梁的极限荷载与屈服荷载之比之所以会大于极限弯矩与屈服弯矩之比,也即梁的极限承载能力得到进一步的提高,是因为超静定梁具有"多余"约束的缘故。例如,在图 2-9 所示的超静定梁中,当第一个塑性铰出现后,梁的内力(弯矩)将重新分布,直到出现第二个塑性铰,超静定梁才达到极限状态。实际上,等直圆杆的极限扭矩大于屈服扭矩,以及静定梁的极限弯矩大于屈服弯矩,同样是由于横截面上的应力变化规律随着荷载的增大而改变(图 2-3c 和图 2-5c),也即具有超静定的特征。同理,对于拉、压超静定结构,由于将发生各杆件内力的重新分布,结构的极限荷载同样将大于其屈服荷载。综上所述可见,只有当杆件或结构具有超静定特征时,才有可能提高其极限承载能力。

例题 2-6 承受均布荷载作用的矩形截面外伸梁如图 a 所示。已知梁的尺寸为 $l=3$ m,$b=60$ mm,$h=120$ mm,梁材料可视为弹性-理想塑性,屈服极限 $\sigma_\text{s} = 235$ MPa。试求梁的极限荷载。

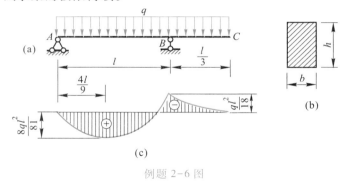

例题 2-6 图

解:先按弹性分析的方法作出梁的弯矩图(图 c),得出最大弯矩为

$$M_\text{max} = \frac{8ql^2}{81}$$

当梁达到极限状态时,其最大弯矩等于极限弯矩,梁上的荷载达到极限值。由式(2-3)及矩形截面的塑性弯曲截面系数 $W_\text{s} = \dfrac{bh^2}{4}$ 可得

$$M_\text{u} = \frac{8q_\text{u}l^2}{81} = \sigma_\text{s} W_\text{s} = \sigma_\text{s} \frac{bh^2}{4}$$

于是得

---

① 例如,徐秉业、刘信声编著,《结构塑性极限分析》,中国建筑工业出版社,1985 年。

$$q_u = \frac{1}{4}\sigma_s bh^2 \cdot \frac{81}{8l^2}$$

将已知数据代入上式,即可得该矩形截面梁的极限均布荷载集度为

$$q_u = \frac{(235\times10^6\ \text{Pa})\times(0.06\ \text{m})\times(0.12\ \text{m})^2\times81}{4\times8\times(3\ \text{m})^2}$$

$$= 57.1\times10^3\ \text{N/m} = 57.1\ \text{kN/m}$$

思　考　题

2-1 试比较弹性变形与塑性变形的主要特征。

2-2 在考虑材料塑性的极限分析中,试问作了哪些假设?

2-3 为什么在拉、压静定结构中,其极限荷载与屈服荷载相同,即不能提高结构的承载能力;而在静定的等直杆扭转和梁的对称弯曲中,考虑材料塑性的极限分析却能提高其承载能力?

2-4 材料为弹性-理想塑性的等直圆杆承受扭转外力偶矩 M_e(图 2-3a)作用。若外力偶矩处于 $T_s<M_e<T_u$,即圆杆处于弹性-塑性阶段(图 2-3c)。当弹性区的半径为 r_s 时,试推导横截面上的扭矩表达式。

2-5 材料为弹性-理想塑性的矩形截面梁发生纯弯曲(图 2-5a),若外力偶矩处于 $M_s < M < M_u$,即梁处于弹性-塑性阶段(图 2-5c)。当弹性区边缘距中性轴为 y_s 时,试推导横截面上弯矩的表达式。

2-6 试问塑性铰与真实的铰链间有何区别?在静定梁和一次超静定梁中,梁达到极限状态时,应分别出现几个塑性铰?为什么?

习　　题

2-1 一组合圆筒,承受荷载 F 作用,如图 a 所示。内筒材料为低碳钢,横截面面积为 A_1,弹性模量为 E_1,屈服极限为 σ_{s1};外筒材料为铝合金,横截面面积为 A_2,弹性模量为 E_2,屈服极限为 σ_{s2}。假设两种材料均可理想化为弹性-理想塑性模型,其应力-应变关系如图 b 所示。试求组合筒的屈服荷载 F_s 和极限荷载 F_u。

2-2 一水平刚性杆 AC,A 端为固定铰链支承,在 B、C 处分别与两根长度为 l、横截面面积为 A、材料相同的等直杆铰接,如图所示。两杆的材料可理想化为弹性-理想塑性模型,其弹性模量为 E、屈服极限为 σ_s。若在刚性杆的 D 处承受集中荷载 F 作用,试求结构的屈服荷载 F_s 和极限荷载 F_u。

2-3 刚性梁 AB 由四根同一材料制成的等直杆 1、2、3、4 支承,在 D 点处承受铅垂荷载 F 作用,如图所示。四根杆的横截面面积均为 A,材料可视为弹性-理想塑性,其弹性模量为 E、屈服极限为 σ_s。试求结构的极限荷载。

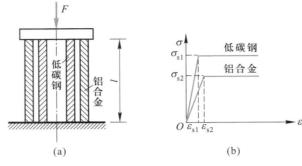

习题 2-1 图

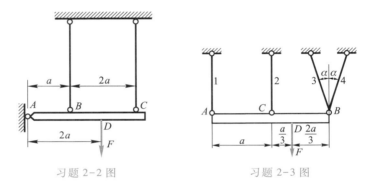

习题 2-2 图　　　　　　　习题 2-3 图

2-4　例题 2-1 中的三杆铰接超静定结构,若在荷载达到极限荷载 $F_u = \sigma_s A(1 + 2\cos \alpha)$ 后,卸除荷载,试求中间杆 3 内的残余应力。

2-5　等直圆轴的截面形状分别如图所示,实心圆轴的直径 $d = 60 \text{ mm}$,空心圆轴的内、外径分别为 $d_0 = 40 \text{ mm}$、$D_0 = 80 \text{ mm}$。材料可视为弹性-理想塑性,其剪切屈服极限 $\tau_s = 160 \text{ MPa}$。试求两轴的极限扭矩。

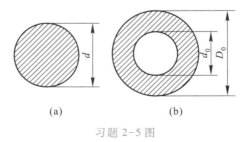

习题 2-5 图

2-6　一半径为 R 的等直实心圆轴,材料可视为弹性-理想塑性,如图所示。在扭转时处于弹性-塑性阶段,即横截面上的扭矩 T 处于 $T_s < T < T_u$。试证明弹性区的半径 $r_s =$

$\sqrt[3]{4R^3-\dfrac{6T}{\pi\tau_s}}$。

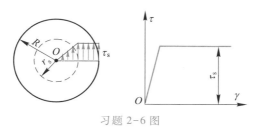

习题 2-6 图

2-7 直径为 d 的等直圆杆 AC,两端固定,在截面 B 处承受转矩(扭转外力偶矩)M_e 作用,如图所示。材料可视为弹性-理想塑性,切变模量为 G,剪切屈服极限为 τ_s。试求圆杆的屈服转矩和极限转矩。

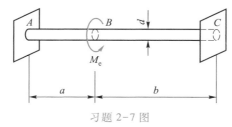

习题 2-7 图

2-8 试验证下列截面的塑性弯曲截面系数 W_s 与弹性弯曲截面系数 W 的比值:

(1)直径为 d 的圆截面 $W_s/W=1.70$;

(2)薄壁圆筒截面(壁厚 $\delta \ll$ 平均半径 r_0)$W_s/W=1.27$。

2-9 矩形截面($b \times h$)直梁发生纯弯曲,梁材料可视为弹性-理想塑性,弹性模量为 E,屈服极限为 σ_s。当加载至塑性区达到 $h/4$ 的深度(如图),梁处于弹性-塑性状态时,卸除荷载。试求:

(1)卸载后,梁的残余变形(残余曲率);

(2)为使梁轴恢复到直线状态,需施加的外力偶矩。

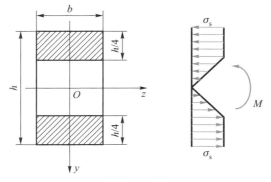

习题 2-9 图

2-10 矩形截面简支梁受载情况如图所示。已知梁的截面尺寸为 $b = 60$ mm，$h = 120$ mm；梁的材料可视为弹性-理想塑性，屈服极限 $\sigma_s = 235$ MPa。试求梁的极限荷载。

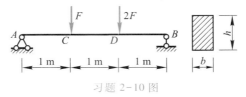

习题 2-10 图

2-11 受均布荷载作用的简支梁如图所示。已知梁材料可视为弹性-理想塑性，屈服极限 $\sigma_s = 235$ MPa。试求梁的极限荷载。

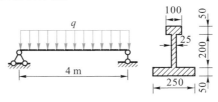

习题 2-11 图

*2-12 图 2-9a 所示一端固定、另一端铰支的超静定梁，承受均布荷载 q 作用。梁材料可视为弹性-理想塑性，已知其极限弯矩为 M_u。试证明梁的极限荷载为 $q_u = 11.66M_u / l^2$。

（提示：除固定端的塑性铰外，另一塑性铰的位置与弹性分析中的 $M_{\max}^+$ 位置不同。令另一塑性铰距固定端为 a，可由 $dq_u / da = 0$，求得另一塑性铰的位置 a。）

第三章 能 量 法

§3-1 概　　述

可变形固体在受外力作用而变形时,外力和内力均将作功。对于弹性体,由于变形的可逆性,外力在相应的位移上所作的功,在数值上就等于积蓄在物体内的应变能。当外力撤除时,这种应变能将全部转换为其他形式的能量。这在《材料力学(I)》的基本变形中已进行讨论。利用功和能的概念求解可变形固体的位移、变形和内力等的方法,统称为能量法。能量法的应用很广,也是用有限单元法求解固体力学问题的重要基础。

本章首先介绍应变能和余能的概念。然后在此基础上讨论应变能原理、余能原理,及其在计算杆件位移和求解超静定问题等方面的应用。最后介绍虚位移原理和单位力法。能量法不仅适用于线弹性体,也可用于非线性弹性体。在非线性的弹塑性问题中,只需将能量的概念改为形变功的概念,在简单加载条件下,也同样适用。在本章各节中,首先以非线性弹性体为对象讨论其基本原理,然后主要以线性弹性体为特例说明其应用。

§3-2 应变能·余能

I.应变能

在《材料力学(I)》的§2-5中给出了拉(压)杆在线弹性范围内工作时的应变能 V_ε 表达式为

$$V_\varepsilon = W = \frac{F_N^2 l}{2EA}$$

在《材料力学(I)》的§3-6和§5-7中又分别给出了受扭圆杆及对称弯曲梁在线弹性范围内工作时的应变能表达式为

$$V_\varepsilon = W = \frac{T^2 l}{2GI_p}$$

和

$$V_\varepsilon = W = \int_l \frac{M^2(x)\,\mathrm{d}x}{2EI}$$

还可证明,梁在横力弯曲时与剪切变形相应的应变能为

$$V_\varepsilon = W = \int_l \alpha_\mathrm{s} \frac{F_\mathrm{S}^2(x)\,\mathrm{d}x}{2GA}$$

当杆件发生组合变形时,在线弹性、小变形条件下,每一基本变形的内力对其他的基本变形并不作功,故组合变形杆的应变能等于各基本变形应变能的总和。若组合变形杆横截面上的内力包括轴力、扭矩和弯矩,且三者均可表达为截面位置 x 的函数,不计剪力影响,则组合变形等直圆杆的应变能可表达为

$$V_\varepsilon = \int_l \frac{F_\mathrm{N}^2(x)\,\mathrm{d}x}{2EA} + \int_l \frac{T^2(x)\,\mathrm{d}x}{2GI_\mathrm{p}} + \int_l \frac{M^2(x)\,\mathrm{d}x}{2EI} \qquad (3-1)$$

式中积分应遍及全杆。若为非圆截面杆,则上式右边第 2 项中的 I_p 应改为 I_t。

作为普遍情况,设拉杆的材料是非线性弹性体,杆端位移 Δ 与施加在杆端的外力 F 之间的关系如图 3-1a、b 所示。材料在轴向拉伸时的应力-应变曲线如图 3-1c 所示。

当外力由零逐渐增大到 F_1 时,杆端位移就由零逐渐增至 Δ_1(图 3-1b),此时,外力所作的功为

$$W = \int_0^{\Delta_1} F\mathrm{d}\Delta$$

从图 3-1b 可见,$F\mathrm{d}\Delta$ 相当于图中带阴影线的长条面积,由此可知,外力所作的功就相当于从 $\Delta = 0$ 到 $\Delta = \Delta_1$ 之间 F-Δ 曲线下的面积。由于材料是弹性体,所以在略去加载和卸载过程中的能量损耗后,外力所作的功 W 在数值上就等于积蓄在杆内的应变能 V_ε,即

$$V_\varepsilon = W = \int_0^{\Delta_1} F\mathrm{d}\Delta \qquad (3-2)$$

若从拉杆中取出一各边为单位长的单元体,则作用在单元体上、下两表面上的力为 $F = \sigma \times 1 \times 1 = \sigma$[①],其伸长量为 $\Delta l = \varepsilon \times 1 = \varepsilon$。于是,在拉杆加载过程中,单元体上外力所作的功为

$$W = \int_0^{\varepsilon_1} \sigma\mathrm{d}\varepsilon$$

外力功在数值上等于积蓄在单元体内的应变能。由于单元体的体积为单位值,故上述应变能数值上等于应变能密度 v_ε。于是得

---

① 此处 1×1 省去单位,后面作类似处理。

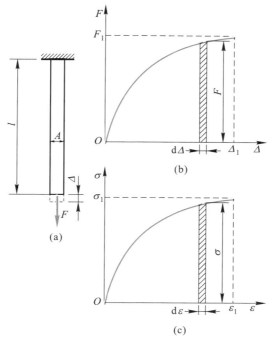

图 3-1

$$v_\varepsilon = \int_0^{\varepsilon_1} \sigma \mathrm{d}\varepsilon \qquad (3-3)$$

若取出的单元体各边长分别为 $\mathrm{d}x$、$\mathrm{d}y$、$\mathrm{d}z$,则单元体内所积蓄的应变能为

$$\mathrm{d}V_\varepsilon = v_\varepsilon \mathrm{d}x\mathrm{d}y\mathrm{d}z$$

若令 $\mathrm{d}x\mathrm{d}y\mathrm{d}z = \mathrm{d}V$,则整个拉杆内所积蓄的应变能为

$$V_\varepsilon = \int \mathrm{d}V_\varepsilon = \int_V v_\varepsilon \mathrm{d}V \qquad (3-4\mathrm{a})$$

又因在拉杆整个体积内各点处的 v_ε 为常量,故有

$$V_\varepsilon = \int_V v_\varepsilon \mathrm{d}V = v_\varepsilon V = v_\varepsilon Al \qquad (3-4\mathrm{b})$$

对于杆件内各点处的应变能密度 v_ε 随该点的坐标而改变的情况,例如,在横力弯曲时的梁,应先根据式(3-3)求出应变能密度 v_ε,再按式(3-4a)来计算整个梁内所积蓄的应变能 V_ε。在扭转时,整个轴内所积蓄的应变能 V_ε 也可按同理计算,但式(3-3)中的 σ 和 ε 应分别改为 τ 和 γ。在计算梁或轴内所积蓄的应变能时,也可采用式(3-2)的形式,但应将其中的 F 和 Δ 分别改为作用在梁上的荷载 F(或 M_e)和施力点处的挠度 w(或转角 θ),或者作用在轴上的扭转外

力偶矩 M_x 和施力截面的扭转角 φ。

当杆件在线弹性范围内工作时,式(3-2)中的 F 与 Δ 成正比,因而,该式右端的积分就等于 $\dfrac{1}{2}F_1\Delta_1$,于是有

$$V_\varepsilon = W = \frac{1}{2}F_1\Delta_1 = \frac{F_1^2 l}{2EA} = \frac{EA\Delta_1^2}{2l} \tag{3-5}$$

按类似推理,可分别得梁和轴内应变能的表达式。

在计算应变能密度 v_ε 时,若材料在线弹性范围内工作,则式(3-3)中的 σ 与 ε 成正比,故有

$$v_\varepsilon = \int_0^{\varepsilon_1} \sigma \mathrm{d}\varepsilon = \frac{1}{2}E\varepsilon_1^2 = \frac{\sigma_1^2}{2E} \tag{3-6a}$$

同理,也可得在纯剪切条件下的应变能密度 v_ε 的表达式为

$$v_\varepsilon = \int_0^{\gamma_1} \tau \mathrm{d}\gamma = \frac{1}{2}G\gamma_1^2 = \frac{\tau_1^2}{2G} \tag{3-6b}$$

值得注意的是,应变能具有如下特征:

(1)应变能恒为正的标量,与坐标系的选取无关。在杆系的不同杆件或不同杆段,可独立地选取坐标系。

(2)根据能量守恒原理可以证明:应变能仅与荷载的最终值有关,而与加载的顺序无关。因为若与加载顺序有关,则按不同加载或卸载顺序将可在弹性体内不断积累应变能,这显然有违能量守恒原理。

(3)在线弹性范围内,应变能为内力(或位移)的二次齐次函数,故力作用的叠加原理不再适用。

下面举例说明在线弹性和非线性弹性条件下,杆件内应变能的计算方法。

例题 3-1　图 a 所示在线弹性范围内工作的一端固定、另一端自由的圆轴,在自由端截面上承受扭转力偶矩 M_1 作用。材料的切变模量 G 和轴的长度 l 以及直径 d 均已知。试计算轴在加载过程中所积蓄的应变能 V_ε。

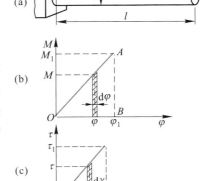

例题 3-1 图

解:(1)按外力功计算

由自由端截面的扭转外力偶矩 M_1 和该截面的扭转角 φ_1 来计算。仿照式(3-2),可得

$$V_\varepsilon = \int_0^{\varphi_1} M \mathrm{d}\varphi \tag{1}$$

在线弹性条件(图 b)下,扭转角的表达式为

$$\varphi = \frac{Ml}{GI_\mathrm{p}} \tag{2}$$

将扭转力偶矩 M 写作扭转角 φ 的函数

$$M = \frac{GI_\mathrm{p}}{l}\varphi \tag{3}$$

将 M 代入式(1),经积分后,即得轴的应变能为

$$V_\varepsilon = \int_0^{\varphi_1} \frac{GI_\mathrm{p}}{l}\varphi \mathrm{d}\varphi = \frac{GI_\mathrm{p}}{2l}\varphi_1^2 \tag{4}$$

或利用式(2),将 $\varphi_1 = \dfrac{M_1 l}{GI_\mathrm{p}}$ 代入上式,则得

$$V_\varepsilon = \frac{M_1^2 l}{2GI_\mathrm{p}} \tag{5}$$

式(4)或式(5)表达的应变能 V_ε,显然均是图 b 中三角形 OAB 的面积。

(2)按应变能密度计算

由扭转切应力公式及 $T = M_1$,可得圆轴任一截面上任一点处的切应力为

$$\tau = \frac{M_1 \rho}{I_\mathrm{p}} \tag{6}$$

由剪切胡克定律,得该点处相应的切应变为

$$\gamma = \frac{\tau}{G} = \frac{M_1 \rho}{GI_\mathrm{p}} \tag{7}$$

于是,仿照式(3-3)可得该点处的应变能密度为

$$v_\varepsilon = \int_0^{\gamma_1} \tau \mathrm{d}\gamma = \int_0^{\gamma_1} G\gamma \mathrm{d}\gamma = \frac{G}{2}\gamma_1^2 = \frac{G}{2}\left(\frac{M_1 \rho}{GI_\mathrm{p}}\right)^2 \tag{8}$$

将 v_ε 代入式(3-4a),并遍及整个圆轴积分,即得轴的应变能

$$V_\varepsilon = \int_0^l \frac{G}{2} \frac{M_1^2}{(GI_\mathrm{p})^2}\left(\int_A \rho^2 \mathrm{d}A\right)\mathrm{d}x$$

$$= \frac{G}{2}\frac{M_1^2}{(GI_\mathrm{p})^2}I_\mathrm{p}l = \frac{M_1^2 l}{2GI_\mathrm{p}}$$

上式即为式(5)。由此可见,用两种方法均可计算应变能 V_ε。

例题 3-2 弯曲刚度为 EI 的简支梁受均布荷载 q 作用,如图所示。梁处于线弹性范围,且不计剪力的影响,试求梁内的应变能。

解:若按外力功计算,在略去切应变对挠度的影响后,由《材料力学(I)》附

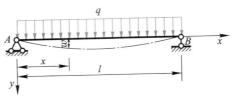

例题 3-2 图

录Ⅳ,可得梁的挠曲线方程为

$$w = \frac{ql^4}{24EI}\left(\frac{x}{l} - 2\frac{x^3}{l^3} + \frac{x^4}{l^4} \right) \tag{1}$$

在加载过程中,荷载所作的外力功可仿照式(3-5)写作

$$W = \int_0^l \frac{1}{2}(q\mathrm{d}x)w \tag{2}$$

将式(1)中的 w 代入式(2),经积分后,即得积蓄在整个梁内的应变能为

$$V_\varepsilon = W = \frac{q^2 l^4}{2 \times 24EI} \int_0^l \left(\frac{x}{l} - 2\frac{x^3}{l^3} + \frac{x^4}{l^4} \right) \mathrm{d}x$$

$$= \frac{q^2 l^4}{48EI}\left(\frac{x^2}{2l} - \frac{2x^4}{4l^3} + \frac{x^5}{5l^4} \right)\Big|_0^l = \frac{q^2 l^5}{240EI} \tag{3}$$

对于线弹性材料,直接利用式(3-1),即得梁的应变能为

$$V_\varepsilon = \int_l \frac{M^2(x)\,\mathrm{d}x}{2EI} = \frac{1}{2EI}\int_0^l \left(\frac{ql}{2}x - \frac{qx^2}{2} \right)^2 \mathrm{d}x$$

$$= \frac{q^2 l^5}{240EI}$$

同理,也可按任意 x 截面上任意点处的弯曲正应力 σ 计算该点处的应变能密度 v_ε,并按式(3-4a)求出整个梁内的应变能 V_ε,其结果应完全一致,建议读者自行验算。

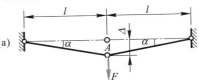

例题 3-3　原为水平位置的杆系如图 a 所示。两杆的长度均为 l,横截面面积均为 A,其材料相同,弹性模量为 E,且均为线弹性的。在结点 A 承受铅垂荷载 F 作用,试求力 F 与结点 A 铅垂位移 Δ 间的关系及杆系的应变能。

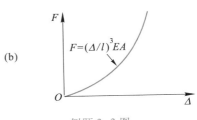

例题 3-3 图

解:(1)F-Δ 间关系

设两杆的轴力为 F_N,则两杆的伸长量

均为

$$\Delta l = \frac{F_N l}{EA} \tag{1}$$

两杆伸长后的长度均为

$$l + \Delta l = l\left(1 + \frac{F_N}{EA}\right)$$

由图 a 的几何关系,可知

$$\Delta = \sqrt{(l+\Delta l)^2 - l^2} = \sqrt{\left(l^2 + 2l\frac{F_N l}{EA} + \frac{F_N^2 l^2}{E^2 A^2}\right) - l^2}$$

$$= \sqrt{l^2\left(2\frac{F_N}{EA} + \frac{F_N^2}{(EA)^2}\right)} \approx l\sqrt{2\frac{F_N}{EA}} \tag{2}$$

在上式中,$\frac{F_N}{EA}$ 为杆的伸长应变,其值甚小,所以 $\left(\frac{F_N}{EA}\right)^2$ 项为高阶微量,与 $\frac{F_N}{EA}$ 项相比可略去不计。

由结点 A 的平衡条件,可得两杆的轴力 F_N 与荷载 F 之间的关系为

$$F_N = \frac{F}{2\sin\alpha} \tag{3}$$

由于 α 角很小,故可近似地用 $\tan\alpha$ 代替 $\sin\alpha$,即

$$\sin\alpha \approx \tan\alpha = \frac{\Delta}{l} \tag{4}$$

将式(4)代入式(3),即得

$$F_N = \frac{Fl}{2\Delta} \tag{5}$$

再将式(5)中的 F_N 代入式(2),经化简后,即得 Δ 的表达式为

$$\Delta = \sqrt[3]{\frac{F}{EA}}\, l \tag{6}$$

或写作 F 用 Δ 表达的形式

$$F = \left(\frac{\Delta}{l}\right)^3 EA \tag{7}$$

F-Δ 间的非线性关系曲线,如图 b 所示。

由以上分析可见,两杆的材料虽为线弹性的,但位移 Δ 与荷载 F 之间的关系却是非线性的。这类非线性弹性问题,称为几何非线性弹性问题(对于材料为非线性弹性的问题,称为物理非线性弹性问题)。凡是由荷载引起的变形而对杆件的内力发生影响的问题,均属于几何非线性弹性问题。偏心受压细长杆及纵横弯曲时的杆件等均属于几何非线性弹性问题。

（2）杆系应变能

若按外力功来计算。将式（7）代入式（3-2），经积分后即得

$$V_\varepsilon = \int_0^\Delta F\mathrm{d}\Delta = \int_0^\Delta \left(\frac{\Delta}{l}\right)^3 EA\mathrm{d}\Delta$$

$$= \frac{1}{4}\frac{\Delta^4}{l^3}EA = \frac{1}{4}F\Delta \tag{8}$$

Ⅱ．余能

另一个能量参数称为余能。设图 3-2a 所示为非线性弹性材料所制成的拉杆。由于材料为非线性弹性，则拉杆的 $F-\Delta$ 曲线如图 3-2b 所示。当外力从零增加到 F_1 时，仿照外力功的表达式计算另一积分

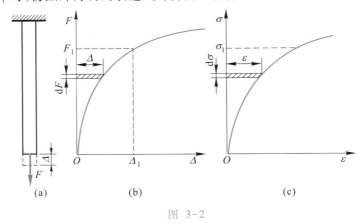

图 3-2

$$\int_0^{F_1} \Delta\mathrm{d}F$$

上式积分是 F-Δ 曲线与纵坐标轴间的面积，其量纲与外力功相同，且与外力功 $\int_0^{\Delta_1} F\mathrm{d}\Delta$ 之和正好等于矩形面积 $F_1\Delta_1$，称为余功，用 W_c 表示，即

$$W_c = \int_0^{F_1} \Delta\mathrm{d}F \tag{3-7}$$

由于材料是弹性的，仿照功与应变能相等的关系，可将与余功相应的能称为余能，并用 V_c 表示。余功 W_c 和余能 V_c 在数值上相等，即

$$V_c = W_c = \int_0^{F_1} \Delta\mathrm{d}F \tag{3-8}$$

上式为由外力余功计算余能的表达式。

在几何线性问题中，同样可仿照由应变能密度来计算应变能的方式，得到由

余能密度 v_c 计算余能的表达式

$$V_c = \int_V v_c \mathrm{d}V \qquad\qquad (3-9)$$

其中的 v_c 可按下式求得

$$v_c = \int_0^{\sigma_1} \varepsilon \mathrm{d}\sigma \qquad\qquad (3-10)$$

在图 3-2c 的 σ-ε 曲线中,积分 $\int_0^{\sigma_1} \varepsilon \mathrm{d}\sigma$ 代表 σ-ε 曲线与纵坐标轴间的面积。

应该指出,余能具有如下特征:

(1)余能(或余能密度)仅具有与应变能(或应变能密度)相同的量纲,并无具体的物理意义。

(2)在线弹性材料的几何线性问题中,由于荷载与位移(或应力与应变)间的线性关系,因而余能(或余能密度)在数值上等于应变能(或应变能密度),但两者在概念和计算方法上迥然不同,应注意区分。

例题 **3-4**   试计算例题 3-3 中所示杆系在荷载 F 作用下的余能。

解:将例题 3-3 中式(6)代入余能公式(3-8),得

$$V_c = W_c = \int_0^F \Delta \mathrm{d}F = \int_0^F \sqrt[3]{\frac{F}{EA}}\, l \mathrm{d}F$$

$$= \frac{3}{4} \frac{F^{4/3}}{(EA)^{1/3}} l = \frac{3}{4} F \Delta$$

即为例题 3-3 的图 c 中 F-Δ 曲线与纵坐标轴间的面积。

例题 **3-5**   由两杆铰接而成的结构如图 a 所示。结构中两杆的长度均为 l,横截面面积均为 A。材料在单轴拉伸时的 σ-ε 曲线如图 b 所示。试求结构在荷载 F_1 作用下的余能。

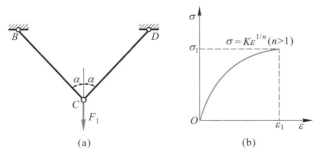

(a)　　　　　　　　(b)

例题 3-5 图

解:由结点 C 的平衡方程,可得两杆轴力为

$$F_{\mathrm{N}} = \frac{F_1}{2\cos\alpha} \tag{1}$$

于是,两杆横截面上的应力为

$$\sigma_1 = \frac{F_{\mathrm{N}}}{A} = \frac{F_1}{2A\cos\alpha} \tag{2}$$

由非线性弹性材料的 σ-ε 关系 $\sigma = K\varepsilon^{1/n}$,且 $n>1$,可得

$$\varepsilon = \left(\frac{\sigma}{K}\right)^n \tag{3}$$

将式(2)和式(3)代入式(3-10),即得余能密度为

$$v_c = \int_0^{\sigma_1} \varepsilon\,\mathrm{d}\sigma = \int_0^{\sigma_1} \left(\frac{\sigma}{K}\right)^n \mathrm{d}\sigma = \frac{1}{K^n(n+1)}\left(\frac{F_1}{2A\cos\alpha}\right)^{n+1}$$

由于轴向拉伸杆内各点的应变状态均相同,因此,结构在荷载 F_1 作用下的余能为

$$V_c = v_c(2lA) = \frac{2lA}{K^n(n+1)}\left(\frac{F_1}{2A\cos\alpha}\right)^{n+1} \tag{4}$$

$$= \frac{l}{(2A)^n K^n(n+1)}\left(\frac{F_1}{\cos\alpha}\right)^{n+1}$$

§3-3 卡 氏 定 理

I. 卡氏第一定理

已知弹性杆件内应变能和余能表达式分别为式(3-2)和式(3-8),并适用于线性或非线性的弹性杆件。利用这两个公式,卡斯蒂利亚诺(A.Castigliano)导出了计算弹性杆件的力和位移的两个定理,通常称之为卡氏第一定理和卡氏第二定理。下面先介绍卡氏第一定理。

设图3-3中所示梁的材料为非线性弹性。梁上有 n 个集中荷载作用,与这些集中荷载相对应的最后位移分别为 Δ_1、Δ_2、$\cdots$、Δ_n。为计算方便,假定这些荷载按比例同时由零增至其最终值 F_1、F_2、$\cdots$、F_n(即为简单加载。应该注意,

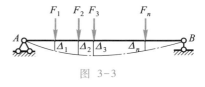

图 3-3

由于应变能 V_ε(和外力功 W)仅与荷载(或位移)的最终值有关,因而并非必须按此方式加载),于是,外力所作总功就等于每个集中荷载在加载过程中所作功的总和。由于梁内应变能 V_ε 在数值上等于外力功,所以,仿照式(3-2)可得 V_ε 的

表达式为

$$V_\varepsilon = W = \sum_{i=1}^n \int_0^{\Delta_i} f_i \mathrm{d}\delta_i \qquad (3-11)$$

式中,f_i 及 δ_i 为加载过程中荷载及位移的瞬时值。显然,右端每一积分 $\int_0^{\Delta_i} f_i \mathrm{d}\delta_i$ 均为位移 Δ_i 的函数,于是,由式(3-11)表示的梁内应变能 V_ε 为最终位移 Δ_i 的函数。

假设与第 i 个荷载相应的位移有一微小增量 $\mathrm{d}\Delta_i$,则梁内应变能的变化 $\mathrm{d}V_\varepsilon$ 为

$$\mathrm{d}V_\varepsilon = \frac{\partial V_\varepsilon}{\partial \Delta_i}\mathrm{d}\Delta_i \qquad (\mathrm{a})$$

式中,$\dfrac{\partial V_\varepsilon}{\partial \Delta_i}$ 代表应变能对于位移 Δ_i 的变化率。因仅与第 i 个荷载相应的位移有一微小增量,而与其余各荷载相应的位移均保持不变,因此,对于位移的微小增量 $\mathrm{d}\Delta_i$,仅 F_i 作了外力功,于是,外力功的变化为

$$\mathrm{d}W = F_i \mathrm{d}\Delta_i \qquad (\mathrm{b})$$

由于外力功在数值上等于应变能,故有

$$\mathrm{d}V_\varepsilon = \mathrm{d}W \qquad (\mathrm{c})$$

将式(a)、式(b)两式代入式(c),并消去两边的共同项 $\mathrm{d}\Delta_i$,即得

$$F_i = \frac{\partial V_\varepsilon}{\partial \Delta_i} \qquad (3-12)$$

上式表明:弹性杆件的应变能 V_ε 对于杆件上某一位移之变化率,等于与该位移相应的荷载,称为卡氏第一定理。应该指出,卡氏第一定理适用于一切受力状态下线性或非线性的弹性杆件。式中,F_i 代表作用在杆件上的广义力,可以代表一个力、一个力偶、一对力或一对力偶;而 Δ_i 则为与之相对应的广义位移,可以是一个线位移、一个角位移、相对线位移或相对角位移。

例题 3-6 试以例题 3-3 所示的非线性杆系,检验卡氏第一定理。

解:在例题 3-3 中,已求得结构的应变能 V_ε 作为位移的函数是

$$V_\varepsilon = \frac{1}{4}EA\frac{\Delta_1^4}{l^3} \qquad (1)$$

由卡氏第一定理,即式(3-12),有

$$F_1 = \frac{\partial V_\varepsilon}{\partial \Delta_1} = EA\frac{\Delta_1^3}{l^3} \qquad (2)$$

结果与例题 3-3 中的式(7)完全一致。

例题 3-7 弯曲刚度为 EI 的悬臂梁如图所示,已知其自由端的转角为 θ,梁

材料为线弹性,试按卡氏第一定理确定施加于该处的外力偶矩 M_e。

解：（1）梁的应变能

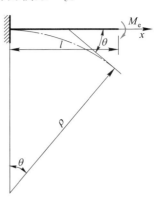

悬臂梁自由端施加一外力偶矩 M_e 时,梁处于纯弯曲状态。梁内任一点处的线应变为

$$\varepsilon = y/\rho \qquad (1)$$

式中,ρ 为挠曲线的曲率半径。梁处于纯弯曲状态,挠曲线为圆弧,由图可见

$$\rho\theta = l \qquad (2)$$

于是,式（1）可改写为

$$\varepsilon = y\theta/l \qquad (3)$$

按式（3-6a）可得梁内任一点处的应变能密度 v_ε 为

例题 3-7 图

$$v_\varepsilon = \frac{1}{2}E\varepsilon^2 = \frac{1}{2}\frac{E\theta^2}{l^2}y^2 \qquad (4)$$

将 v_ε 的表达式代入式（3-4a）,则得用转角 θ 表示的应变能 V_ε 为

$$V_\varepsilon = \int_V v_\varepsilon \mathrm{d}V = \int_l \left(\int_A v_\varepsilon \mathrm{d}A\right)\mathrm{d}x$$

$$= \int_l \left(\frac{1}{2}\frac{E\theta^2}{l^2}\int_A y^2 \mathrm{d}A\right)\mathrm{d}x = \frac{1}{2}\frac{EI}{l}\theta^2 \qquad (5)$$

（2）外力偶矩

按卡氏第一定理,即式（3-12）,即得由已知转角 θ 表达的外力偶矩为

$$M_e = \frac{\partial V_\varepsilon}{\partial \theta} = \frac{1}{2}\frac{EI}{l}(2\theta) = \frac{EI\theta}{l} \qquad (6)$$

在运用卡氏第一定理时,必须将应变能 V_ε 表达成给定位移（在本例中是自由端处的转角 θ）的函数形式,这样才可能求其对给定位移的变化率。

例题 3-8　由两根横截面面积均为 A 的等直杆组成的平面桁架,在结点 B 处承受集中力 F 作用,如图 a 所示。两杆的材料相同,其弹性模量为 E,且均处于线弹性范围内。试按卡氏第一定理,求结点 B 的水平和铅垂位移。

解：（1）结构应变能

设结点 B 的水平和铅垂位移分别为 Δ_1 和 Δ_2。假设结点 B 只发生水平位移 Δ_1（图 b）,则各杆的伸长 δ 与水平位移 Δ_1 之间的几何相容关系为

$$\delta_{AB} = \Delta_1, \qquad \delta_{BC} = \Delta_1\cos 45° = \frac{\sqrt{2}}{2}\Delta_1$$

同理,假设结点 B 只发生铅垂位移 Δ_2（图 c）,则各杆的伸长 δ 与铅垂位移 Δ_2 之间的关系为

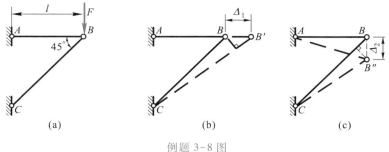

例题 3-8 图

$$\delta_{AB} = 0, \qquad \delta_{BC} = -\Delta_2 \sin 45° = -\frac{\sqrt{2}}{2}\Delta_2$$

当水平位移与铅垂位移同时发生时,则有

$$\delta_{AB} = \Delta_1, \qquad \delta_{BC} = \frac{\sqrt{2}}{2}(\Delta_1 - \Delta_2) \tag{1}$$

由式(3-5),可得桁架的应变能为

$$V_\varepsilon = \sum \frac{EA\delta_i^2}{2l_i} = \frac{EA}{2l}\Delta_1^2 + \frac{EA}{2\times\sqrt{2}\,l}\times\left(\frac{1}{2}\Delta_1^2 - \Delta_1\Delta_2 + \frac{1}{2}\Delta_2^2\right) \tag{2}$$

(2)结点 B 的位移

应用卡氏第一定理,得

$$\frac{\partial V_\varepsilon}{\partial \Delta_1} = \frac{EA}{2l}\left(\frac{4+\sqrt{2}}{2}\Delta_1 - \frac{\sqrt{2}}{2}\Delta_2\right) = 0 \tag{3}$$

$$\frac{\partial V_\varepsilon}{\partial \Delta_2} = \frac{EA}{2l}\times\frac{\sqrt{2}}{2}(-\Delta_1 + \Delta_2) = F \tag{4}$$

联立式(3)、式(4)两式,解得结点 B 的水平和铅垂位移分别为

$$\Delta_1 = \frac{Fl}{EA}, \quad \Delta_2 = (1 + 2\sqrt{2})\frac{Fl}{EA}$$

所得位移 Δ_1、Δ_2 为正号,表示位移的方向分别与图 b、c 所示的相同。

Ⅱ.卡氏第二定理

设图 3-3 所示受 n 个集中荷载 F_1、F_2、$\cdots$、F_n 作用的梁,材料为非线性弹性,与各荷载相应的最终位移分别为 Δ_1、Δ_2、$\cdots$、Δ_n。为计算方便,仍按简单加载的方式加载。外力的总余功等于每一集中荷载的余功之总和。于是仿照式(3-8),梁内的余能为

$$V_c = W_c = \sum_{i=1}^{n} \int_0^{F_i} \delta_i \mathrm{d} f_i \qquad (3-13)$$

式中,δ_i、f_i 分别为加载过程中位移及荷载的瞬时值。上式表明,梁内的余能是作用在梁上一系列荷载 F_i 的函数。

假设第 i 个荷载 F_i 有一微小增量 $\mathrm{d} F_i$ 而其余荷载均保持不变,因此,由于 F_i 改变了 $\mathrm{d} F_i$,外力总余功的相应改变量为

$$\mathrm{d} W_c = \Delta_i \mathrm{d} F_i \qquad (\mathrm{d})$$

而由于 F_i 改变了 $\mathrm{d} F_i$,梁内余能的相应改变量为

$$\mathrm{d} V_c = \frac{\partial V_c}{\partial F_i} \mathrm{d} F_i \qquad (\mathrm{e})$$

由于外力余功在数值上等于弹性杆件的余能,得

$$\mathrm{d} V_c = \mathrm{d} W_c \qquad (\mathrm{f})$$

将式(d)、式(e)两式代入式(f),即得

$$\Delta_i = \frac{\partial V_c}{\partial F_i} \qquad (3-14)$$

上式表明:弹性杆件的余能 V_c 对于杆件上某一荷载之变化率,等于与该荷载相应的位移,称为余能定理。余能定理适用于一切受力状态下的线性或非线性弹性杆件。式中,F_i 代表广义力,而 Δ_i 代表与之相应的广义位移。

在线弹性杆件或杆系中,由于力与位移成正比,杆内的应变能 V_ε 在数值上等于余能 V_c。因此,对于线弹性杆件或杆系,可用应变能 V_ε 代替式(3-14)中的余能 V_c,从而得到

$$\Delta_i = \frac{\partial V_\varepsilon}{\partial F_i} \qquad (3-15)$$

上式表明:线弹性杆件或杆系的应变能 V_ε 对于作用在该杆件或杆系上的某一荷载之变化率,等于与该荷载相应的位移,称为卡氏第二定理。显然,卡氏第二定理是余能定理在线弹性情况下的特例。式(3-15)同样适用于任意受力形式下的线弹性杆件,而 F_i 和 Δ_i 分别代表广义力及相应的广义位移。

应该注意,卡氏第一定理和余能定理适用于线弹性体或非线性弹性体,而卡氏第二定理仅适用于线弹性体。

例题 3-9   试用余能定理计算例题 3-5 中的结构在荷载 F_1 作用下,结点 C 的铅垂位移。

解:在例题 3-5 中,已得结构的余能为

$$V_c = \frac{l}{(2A)^n K^n (n+1)} \left(\frac{F_1}{\cos \alpha} \right)^{n+1}$$

由余能定理式(3-14),即得结点 C 与荷载 F_1 相应的位移(即铅垂位移)为

$$\Delta_1 = \frac{\partial V_c}{\partial F_1} = \frac{\partial}{\partial F_1}\left[\frac{l}{(2A)^n K^n (n+1)}\left(\frac{F_1}{\cos\alpha}\right)^{n+1}\right]$$

$$= \frac{lF^n}{(2A)^n K^n (\cos\alpha)^{n+1}}$$

例题 **3-10** 弯曲刚度为 EI 的悬臂梁受三角形分布荷载作用,如图所示。梁的材料为线弹性体,且不计切应变对挠度的影响。试用卡氏第二定理计算悬臂梁自由端的挠度。

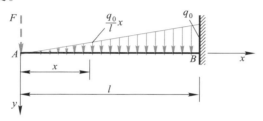

例题 3-10 图

解:(1)虚设外力

为利用卡氏第二定理确定该梁自由端的挠度,需在自由端加上与需求位移相应的虚设外力 F(如图)。在求得梁在分布荷载和虚设外力共同作用下的应变能 V_ε,并按卡氏第二定理求出应变能 V_ε 对虚设外力 F 的变化率 $\frac{\partial V_\varepsilon}{\partial F}$ 后,由于卡氏第二定理对外力的数值并无要求,因此,在 $\frac{\partial V_\varepsilon}{\partial F}$ 的表达式中,令虚设外力 $F = 0$,所得结果即为梁自由端的挠度 w_A。

(2)梁的应变能

在三角形分布荷载和虚设外力共同作用下,梁的任意 x 截面处的弯矩为

$$M(x) = M_q(x) + M_F(x) = -\left(\frac{1}{6}\frac{q_0}{l}x^3 + Fx\right) \tag{1}$$

于是,由式(3-1),可得梁内的应变能为

$$V_\varepsilon = \int_0^l \frac{M^2(x)}{2EI}\mathrm{d}x$$

$$= \int_0^l \frac{1}{2EI}\left(\frac{1}{6}\frac{q_0}{l}x^3 + Fx\right)^2 \mathrm{d}x$$

$$= \int_0^l \frac{1}{2EI}\left(\frac{1}{36}\frac{q_0^2}{l^2}x^6 + 2 \times \frac{1}{6}\frac{q_0}{l}Fx^4 + F^2x^2\right)\mathrm{d}x$$

$$= \frac{1}{2EI}\left(\frac{1}{252}q_0^2l^5 + \frac{1}{15}q_0Fl^4 + \frac{F^2}{3}l^3\right) \tag{2}$$

（3）自由端挠度

由卡氏第二定理,求得应变能 V_ε 对虚设力 F 的变化率 $\dfrac{\partial V_\varepsilon}{\partial F}$ 为

$$\frac{\partial V_\varepsilon}{\partial F} = \frac{1}{2EI}\left(\frac{1}{15}q_0l^4 + \frac{2}{3}Fl^3\right) \tag{3}$$

上式中令 $F=0$,即得梁自由端的挠度为

$$w_A = \left.\frac{\partial V_\varepsilon}{\partial F}\right|_{F=0} = \frac{1}{2EI} \times \frac{1}{15}q_0l^4 = \frac{q_0l^4}{30EI} \tag{4}$$

正值的 w_A 表示挠度的指向与虚设力 F 的指向一致。

在计算较复杂的弯曲问题时,可以将 $\left.\dfrac{\partial V_\varepsilon}{\partial F}\right|_{F=0}$ 写作

$$\left.\frac{\partial V_\varepsilon}{\partial F}\right|_{F=0} = \int_0^l \left.\frac{\partial M^2(x)}{\partial F}\right|_{F=0}\frac{1}{2EI}\mathrm{d}x \tag{5}$$

由于 $M(x)$ 是 F 的函数,故

$$\left.\frac{\partial M^2(x)}{\partial F}\right|_{F=0} = \left.\frac{\partial M^2(x)}{\partial M(x)}\frac{\partial M(x)}{\partial F}\right|_{F=0}$$

$$= \left.2M(x)\right|_{F=0}\left.\frac{\partial M(x)}{\partial F}\right|_{F=0}$$

$$= 2M_q(x)\left.\frac{\partial M(x)}{\partial F}\right|_{F=0} \tag{6}$$

式中,$M(x)|_{F=0} = \left[M_q(x)+M_F(x)\right]_{F=0} = M_q(x)$,即为由原荷载引起的弯矩。这样,计算工作将大为简化。

例题 **3-11** 弯曲刚度均为 EI 的静定组合梁 ABC,在 AB 段上受均布荷载 q 作用,如图 a 所示。梁材料为线弹性体,不计剪力对梁变形的影响。试用卡氏第二定理求梁中间铰 B 两侧截面的相对转角。

解:（1）受力分析

为计算中间铰 B 两侧截面的相对转角,在中间铰两侧虚设一对外力偶 M_B（图 b）。组合梁在均布荷载和虚设外力偶的共同作用下,由平衡方程,可得梁固定端 A 和活动铰支座 C 处的支座约束力如图 b 所示。

两段梁在任意 x 横截面上的弯矩分别为

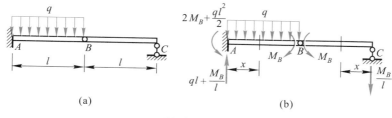

例题 3-11 图

$$AB \text{ 梁} \quad M(x) = \left(ql + \frac{M_B}{l}\right)x - \left(2M_B + \frac{ql^2}{2}\right) - \frac{qx^2}{2} \quad (0<x<l)$$

$$BC \text{ 梁} \quad M(x) = -\frac{M_B}{l}x \quad (0 \leqslant x<l)$$

（2）相对转角

按例题 3-10 中推导的式（6），由卡氏第二定理，得中间铰 B 两侧截面的相对转角为

$$\Delta\theta_B = \frac{\partial V_\varepsilon}{\partial M_B}\bigg|_{M_B=0} = \sum \int_l 2M(x)\bigg|_{M_B=0} \times \frac{\partial M(x)}{\partial M_B}\bigg|_{M_B=0} \times \frac{1}{2EI}\mathrm{d}x$$

$$= \frac{1}{EI}\int_0^l \left(qlx - \frac{ql^2}{2} - \frac{qx^2}{2}\right)\left(\frac{x}{l} - 2\right)\mathrm{d}x = \frac{7ql^3}{24EI}$$

所得结果为正，表明相对转角 $\Delta\theta_B$ 的转向与图 b 中虚设外力偶 M_B 的转向一致。

例题 **3-12** 弯曲刚度为 EI 的等截面开口圆环受一对集中力 F 作用，如图所示。环的材料为线弹性体，不计圆环内剪力和轴力对位移的影响。试用卡氏第二定理求圆环的张开位移 Δ。

解：将一对力 F 视作广义力，其相应的广义位移即为张开位移 Δ。

（1）圆环的应变能

在计算应变能时，由于结构和外力的对称性，可计算半个圆环的 V_ε 再乘以 2。圆环任意截面位置用角变量 φ 表示，任意截面上的弯矩为

$$M(\varphi) = FR(1 - \cos\varphi)$$

并规定正值弯矩使环的内侧伸长。

应用式（3-1），并取圆环的微段 $\mathrm{d}s = R\mathrm{d}\varphi$，得圆环的应变能为

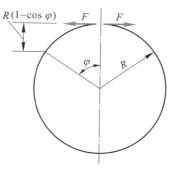

例题 3-12 图

$$V_\varepsilon = \int_s \frac{M^2(\varphi)\,\mathrm{d}s}{2EI} = 2\int_0^\pi \frac{F^2R^2}{2EI}(1-\cos\varphi)^2 R\mathrm{d}\varphi$$

$$= 2\int_0^\pi \frac{F^2R^3}{2EI}(1-2\cos\varphi+\cos^2\varphi)\,\mathrm{d}\varphi = \frac{3\pi F^2R^3}{2EI}$$

（2）张开位移

由卡氏第二定理，可得张开位移（广义位移）Δ 为

$$\Delta = \frac{\partial V_\varepsilon}{\partial F} = \frac{\partial}{\partial F}\left(\frac{3\pi F^2R^3}{2EI}\right) = \frac{3\pi FR^3}{EI}$$

所得位移为正值，表示与对应的广义力指向一致，即为张开位移。

例题 **3-13**　各杆弯曲刚度均为 EI 的 Z 字形平面刚架受集中力 F 作用，如图 a 所示。杆的材料为线弹性，不计剪力及轴力对变形的影响。试用卡氏第二定理求端面 A 的线位移和转角。

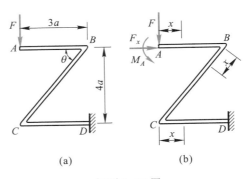

例题 3-13 图

解：（1）弯矩方程及其偏导数

按例题 3-10 推导的式（6），先计算刚架各段的弯矩方程及其偏导数。为计算相关位移，在 A 端虚设水平集中力 F_x 和外力偶 M_A，对各段分别取不同的坐标原点，如图 b 所示。于是，可得弯矩方程及相应的偏导数分别为

AB 段　$M(x) = -Fx - M_A$　$(0 < x \leqslant 3a)$

$$\frac{\partial M}{\partial F_x} = 0, \quad \frac{\partial M}{\partial F} = -x, \quad \frac{\partial M}{\partial M_A} = -1$$

BC 段　$M(x) = -F_x\sin\theta \cdot x + F(3a - x\cos\theta) + M_A$　$(0 < x \leqslant 5a)$

$$\frac{\partial M}{\partial F_x} = -x\sin\theta, \quad \frac{\partial M}{\partial F} = 3a - x\cos\theta, \quad \frac{\partial M}{\partial M_A} = 1$$

CD 段 $M(x) = F_x \cdot 4a - Fx - M_A \quad (0 < x < 3a)$

$$\frac{\partial M}{\partial F_x} = 4a, \quad \frac{\partial M}{\partial F} = -x, \quad \frac{\partial M}{\partial M_A} = -1$$

（2）线位移和转角

按卡氏第二定理，可得端面 A 的线位移和转角分别为

$$\Delta_{Ax} = \frac{1}{EI} \int_0^{5a} F(3a - x\cos\theta)(-x\sin\theta)\,\mathrm{d}x +$$

$$\frac{1}{EI} \int_0^{3a} (-Fx)(4a)\,\mathrm{d}x = -\frac{28Fa^3}{EI}(\leftarrow)$$

$$\Delta_{Ay} = \frac{1}{EI} \int_0^{3a} (-Fx)(-x)\,\mathrm{d}x + \frac{1}{EI} \int_0^{5a} F(3a - x\cos\theta)^2\,\mathrm{d}x +$$

$$\frac{1}{EI} \int_0^{3a} (-Fx)(-x)\,\mathrm{d}x = \frac{33Fa^3}{EI}(\downarrow)$$

$$\theta_A = \frac{1}{EI} \int_0^{3a} (-Fx)(-1)\,\mathrm{d}x + \frac{1}{EI} \int_0^{5a} F(3a - x\cos\theta)\,\mathrm{d}x +$$

$$\frac{1}{EI} \int_0^{3a} (-Fx)(-1)\,\mathrm{d}x = \frac{33Fa^2}{2EI}(\curvearrowleft)$$

例题 **3-14**　各杆的拉伸和压缩刚度均为 EA 的正方形平面桁架受水平力 F 作用，如图 a 所示。杆材料为线弹性。试用卡氏第二定理求结点 C 的水平和铅垂位移。

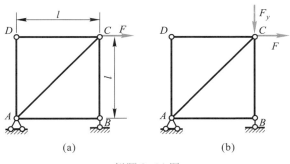

例题 3-14 图

解：（1）各杆内力及其偏导数

在结点 C 虚设铅垂力 F_y（图 b）。由结点法求得桁架各杆的内力及其相应的偏导数，如表 3-1 所示。

表 3-1　桁架各杆的内力及其相应的偏导数

杆件	F_{Ni}	$\dfrac{\partial F_{Ni}}{\partial F}$	$\dfrac{\partial F_{Ni}}{\partial F_y}$	$F_{Ni}\big|_{F_y=0}$	
AB	0	0	0	0	$\dfrac{\partial F_{Ni}}{\partial F}\bigg|_{F_y=0}=\dfrac{\partial F_{Ni}}{\partial F}$
BC	$-(F+F_y)$	-1	-1	$-F$	$\dfrac{\partial F_{Ni}}{\partial F_y}\bigg|_{F_y=0}=\dfrac{\partial F_{Ni}}{\partial F_y}$
CD	0	0	0	0	
DA	0	0	0	0	
AC	$\sqrt{2}\,F$	$\sqrt{2}$	0	$\sqrt{2}\,F$	

（2）结点 C 的位移

按卡氏第二定理,有

$$\Delta = \frac{\partial V_\varepsilon}{\partial F}\bigg|_{F_y=0} = \sum\frac{\partial V_{\varepsilon i}}{\partial F}\bigg|_{F_y=0} = \sum\frac{l_i}{2EA}\times\frac{\partial F_{Ni}^2}{\partial F}\bigg|_{F_y=0}$$

$$= \sum\frac{l_i}{EA}\times F_{Ni}\bigg|_{F_y=0}\times\frac{\partial F_{Ni}}{\partial F}\bigg|_{F_y=0}$$

由表 3-1 的数值,即可求得结点 C 的水平和铅垂位移分别为

$$\Delta_{Cx} = \frac{(-F)(-1)l}{EA} + \frac{(\sqrt{2}\,F)(\sqrt{2})\sqrt{2}\,l}{EA}$$

$$= (1+2\sqrt{2})\frac{Fl}{EA} = 3.83\frac{Fl}{EA}(\rightarrow)$$

$$\Delta_{Cy} = \frac{(-F)(-1)l}{EA} = \frac{Fl}{EA}(\downarrow)$$

§3-4　用能量法解超静定系统

在《材料力学(I)》的第六章中,讨论了轴向拉压、扭转和对称弯曲下的超静定问题。如前所述,求解超静定问题的基本方法,是综合考虑静力、几何和物理三方面的方法,即除静力平衡方程外,根据变形的几何相容条件列出变形的几何相容方程,然后将力-变形(或力-位移)间的物理关系代入变形几何相容方程,得到补充方程,并与静力平衡方程联立,求解所有的未知约束力(或未知内力)。由于在基本变形下所得到的物理关系,仅是等直杆在线弹性范围内的力-变形(或力-位移)间的关系,因此,当杆件的外形比较复杂(如杆系、刚架或曲杆)或荷载比较复杂(如引起组合变形),以及力-位移间的关系为非线性弹性时,就难

以求解。在本章中,讨论了应用能量法(包括卡氏第一定理、余能定理和卡氏第二定理)求解线性或非线性弹性杆系、刚架或曲杆在任意荷载作用下的位移,于是,利用能量方法所得力-位移间的物理关系,就可使求解超静定问题的范围扩展到在任意荷载作用下、线性或非线性弹性杆系、刚架或曲杆等的超静定问题。

在《材料力学(I)》的第六章中已知,求解超静定问题可以先选取适当的基本静定系,即解除适当的多余约束,并在基本静定系上加上相应的多余未知力。然后,列出结构(或杆件)的变形几何相容方程,将力-位移间的物理关系代入变形几何方程,得到补充方程,从而解得相应的多余未知力。在求得多余未知力后,基本静定系就完全等效于原来的超静定结构(或杆件)。于是,超静定结构(或杆件)的其余约束力、内力、应力或位移的计算,均可按基本静定系进行。对于超静定的杆系、刚架或曲杆,不论其是线性或是非线性弹性的,都可按类似的方法求解。下面举例说明应用能量法求解超静定系统的方法。

例题 **3-15**　由同一非线性弹性材料制成的 1、2、3 杆用铰连接,如图 a 所示。已知三杆的横截面面积均为 A,材料的 $\sigma-\varepsilon$ 关系为 $\sigma = K\varepsilon^{1/n}$,且 $n>1$;并知 1、2 两杆的杆长为 l。试用余能定理计算各杆的内力。

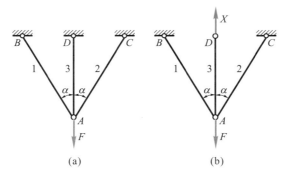

例题 3-15 图

解:(1)结构的余能

结构为一次超静定。取铰链 D 的支座约束力 X 为多余约束力,基本静定系如图 b 所示。由平衡条件可得基本静定系中各杆的轴力分别为

$$\left.\begin{array}{l} F_{N1} = F_{N2} = \dfrac{F - X}{2\cos\alpha} \\[2mm] F_{N3} = X \end{array}\right\} \tag{1}$$

各杆相应的应力分别为

$$\sigma_1 = \sigma_2 = \frac{F - X}{2\cos\alpha \cdot A}, \qquad \sigma_3 = \frac{X}{A} \tag{2}$$

由材料的 $\sigma-\varepsilon$ 关系 $\sigma = K\varepsilon^{1/n}$，得

$$\varepsilon = \left(\frac{\sigma}{K}\right)^n \tag{3}$$

将式（2）和式（3）代入式（3-10），即得各杆的余能密度分别为

$$v_{c1} = v_{c2} = \int_0^{\sigma_1}\varepsilon\mathrm{d}\sigma = \int_0^{\sigma_1}\left(\frac{\sigma}{K}\right)^n\mathrm{d}\sigma$$

$$= \frac{1}{(n+1)K^n}\left(\frac{F-X}{2\cos\alpha\cdot A}\right)^{n+1}$$

$$v_{c3} = \int_0^{\sigma_3}\varepsilon\mathrm{d}\sigma = \frac{1}{(n+1)K^n}\left(\frac{X}{A}\right)^{n+1}$$

于是，可得基本静定系的总余能为

$$V_c = v_{c1}V_1 + v_{c2}V_2 + v_{c3}V_3$$

$$= \frac{lA}{(n+1)K^n}\left[2\left(\frac{F-X}{2\cos\alpha\cdot A}\right)^{n+1} + \cos\alpha\left(\frac{X}{A}\right)^{n+1}\right] \tag{4}$$

（2）各杆内力

基本静定系应满足在铰链 D 处铅垂位移为零的变形相容条件，即 $\Delta_D = 0$。于是，由余能定理得补充方程为

$$\Delta_D = \frac{\partial V_c}{\partial X}$$

$$= \frac{lA}{K^n}\left[2\left(\frac{F-X}{2\cos\alpha\cdot A}\right)^n\left(-\frac{1}{2\cos\alpha\cdot A}\right) + \cos\alpha\left(\frac{X}{A}\right)^n\left(\frac{1}{A}\right)\right] = 0$$

由上式解得

$$X = F_{N3} = \frac{F}{1 + 2\cos\alpha(\cos^2\alpha)^{1/n}}$$

将 X 值代入式（1），即得 1、2 杆的内力为

$$F_{N1} = F_{N2} = \frac{F}{2\cos\alpha + (\cos^2\alpha)^{-1/n}}$$

例题 3-16 刚架 ACB 及其承载情况如图 a 所示，刚架材料为线弹性，各段的弯曲刚度为 EI，不计剪力和轴力对刚架变形的影响。试用卡氏第二定理求刚架的支座约束力。

解：（1）多余未知力

刚架为一次超静定结构。取支座 B 为多余约束，解除该约束并以多余未知力 X 代替，得到基本静定系如图 b 所示。

刚架各段的弯矩方程及其对 X 的偏导数分别为

BD 段 $\qquad M(x) = Xx \quad \left(0 \leqslant x < \frac{a}{2}\right)$

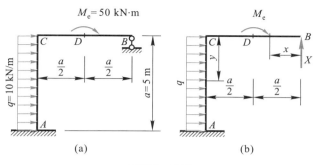

例题 3-16 图

$$\frac{\partial M(x)}{\partial X} = x$$

DC 段

$$M(x) = Xx - M_e \quad \left(\frac{a}{2} < x \leqslant a\right)$$

$$\frac{\partial M(x)}{\partial X} = x$$

CA 段

$$M(y) = Xa - M_e - \frac{qy^2}{2} \quad (0 \leqslant y \leqslant a)$$

$$\frac{\partial M(y)}{\partial X} = a$$

由 B 点处挠度为零的变形相容条件,代入用卡氏第二定理表达的力-位移的物理关系,得补充方程为

$$w_B = \frac{\partial V_\varepsilon}{\partial X} = \frac{1}{EI} \int_l M(x) \frac{\partial M(x)}{\partial X} \mathrm{d}x$$

$$= \frac{1}{EI} \Big[\int_0^{\frac{a}{2}} Xx \cdot x\mathrm{d}x + \int_{\frac{a}{2}}^a (Xx - M_e) x\mathrm{d}x +$$

$$\int_0^a \Big(Xa - M_e - \frac{qy^2}{2} \Big) a\mathrm{d}y = 0$$

将上式积分、整理并代入荷载 M_e 及 q 值后,得

$$X = \frac{1}{32a} (33M_e + 4qa^2)$$

$$= \frac{1}{32 \times (5 \text{ m})} \times [33 \times (50 \times 10^3 \text{ N} \cdot \text{m}) + 4 \times (10 \times 10^3 \text{ N/m}) \times (5 \text{ m})^2]$$

$$= 16.56 \times 10^3 \text{ N} = 16.56 \text{ kN}$$

(2)固定端约束力

求得多余未知力 X 值后,便可按基本静定系(图 b),由平衡方程求得固定端

A 的支座约束力为

$$F_{Ax} = 50\,\text{kN}(\leftarrow)$$

$$F_{Ay} = 16.56\,\text{kN}(\downarrow)$$

$$M_A = 92.2\,\text{kN} \cdot \text{m}(\curvearrowleft)$$

　　例题 3-17　一夹具可简化为平均半径为 R 的圆环（图 a），夹紧时，圆环承受相互间圆心角相等的三个径向力 F 作用，如图 b 所示。圆环材料为线弹性，弯曲刚度为 EI，不计轴力和剪力的影响。试用卡氏第二定理求圆环径向截面上的最大弯矩及径向力 F 作用处的径向位移。

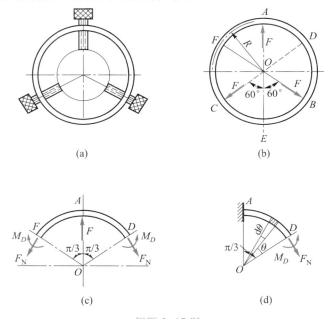

例题 3-17 图

　　解：（1）多余未知力

　　封闭圆环为三次超静定结构。利用对称性，在力 F 之间的弧长中间截面 D、E、F 处截开（图 c），则截面 D、F 上反对称的剪力为零，只可能有对称的轴力和弯矩。而由于 $\overset{\frown}{DAF}$ 段的结构和荷载均对称于 OA 轴，故径向截面 D 和 F 上的轴力和弯矩分别相等。其轴力 F_N 可由静力平衡方程求得，即

$$\sum F_y = 0, \quad F - 2F_N \sin \frac{\pi}{3} = 0$$

$$F_N = \frac{F}{\sqrt{3}}$$

故仅有弯矩 M_D 为多余未知力,从而使多余未知力简化为一个。

由截面 D 的转角为零(反对称的位移为零)的变形几何相容条件,代入用卡氏第二定理表达的力-位移间物理关系,得补充方程(图 d)为

$$\theta_D = \int_s \frac{M}{EI}\frac{\partial M}{\partial M_D}\mathrm{d}s = \int_0^{\pi/3}\frac{F_{\mathrm{N}}R(1-\cos\theta)-M_D}{EI}(-1)(R\mathrm{d}\theta)$$

$$= \frac{\pi R}{3EI}M_D - \frac{FR^2}{\sqrt{3}\,EI}\left(\frac{\pi}{3}-\frac{\sqrt{3}}{2}\right) = 0$$

解得多余未知力为

$$M_D = \left(\frac{1}{\sqrt{3}}-\frac{3}{2\pi}\right)FR$$

(2)最大弯矩

任一截面的弯矩为

$$M = \frac{F}{\sqrt{3}}R(1-\cos\theta)-M_D = \left(\frac{3}{2\pi}-\frac{\cos\theta}{\sqrt{3}}\right)FR$$

截面 D

$$\theta=0(极值处),\qquad M_D = \left(\frac{3}{2\pi}-\frac{1}{\sqrt{3}}\right)FR = -0.099\,9FR$$

截面 A

$$\theta=\frac{\pi}{3}(边界值),\qquad M_A = \left(\frac{3}{2\pi}-\frac{1}{2\sqrt{3}}\right)FR = 0.188\,8FR$$

因此,最大弯矩发生在径向截面 A、B、C 上,其值为

$$M_{\max} = M_A = 0.188\,8FR$$

(3)力 F 作用处的径向位移

由卡氏第二定理(图 c),即得径向位移为

$$\Delta_A = \int_s \frac{M}{EI}\frac{\partial M}{\partial F}\mathrm{d}s = 2\int_0^{\pi/3}\frac{\left(\dfrac{3}{2\pi}-\dfrac{\cos\theta}{\sqrt{3}}\right)FR}{EI}R\left(\frac{3}{2\pi}-\frac{\cos\theta}{\sqrt{3}}\right)(R\mathrm{d}\theta)$$

$$= \frac{2FR^3}{EI}\int_0^{\pi/3}\left(\frac{3}{2\pi}-\frac{\cos\theta}{\sqrt{3}}\right)^2\mathrm{d}\theta$$

$$= \left(\frac{\pi}{9}+\frac{\sqrt{3}}{12}-\frac{3}{2\pi}\right)\frac{FR^3}{EI}$$

例题 3-18　在 xy 平面内,由 $k(k\geqslant3)$ 根等直杆组成的杆系,在结点 A 处用铰连接在一起,并受到水平荷载 F_1 和铅垂荷载 F_2 作用,如图 a 所示。已知各杆的材料相同,且为线弹性体,其拉、压弹性模量均为 E,但横截面面积不同,分别

为 A_1、A_2、$\cdots$、A_k。试用卡氏第一定理求杆系中各杆的轴力。

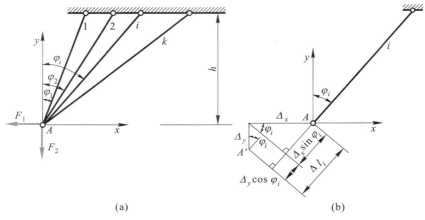

例题 3-18 图

解：（1）杆系的应变能

若取结点 A 为研究对象，并以各杆轴力为未知量，则本题为 $k-2$ 次超静定问题。若以结点 A 的位移分量，即水平位移 Δ_x 和铅垂位移 Δ_y 为未知量，则未知量的数目仅有两个，即两个未知结点位移。下面利用卡氏第一定理求解。

第 i 根杆的杆长为

$$l_i = \frac{h}{\cos \varphi_i} \tag{1}$$

由图 b 可知，第 i 杆的伸长为

$$\Delta l_i = \Delta_x \sin \varphi_i + \Delta_y \cos \varphi_i \tag{2}$$

杆系的总应变能为

$$V_\varepsilon = \sum_{i=1}^{k} \frac{\Delta l_i^2 E A_i}{2 l_i} = \frac{1}{2h} \sum_{i=1}^{k} E A_i (\Delta_x \sin \varphi_i + \Delta_y \cos \varphi_i)^2 \cos \varphi_i \tag{3}$$

（2）各杆的轴力

由卡氏第一定理 $F_i = \dfrac{\partial V_\varepsilon}{\partial \Delta_i}$，可得

$$\frac{\partial V_\varepsilon}{\partial \Delta_x} = \Delta_x \left(\sum_{i=1}^{k} \frac{E A_i}{h} \sin^2 \varphi_i \cos \varphi_i \right) + \Delta_y \left(\sum_{i=1}^{k} \frac{E A_i}{h} \sin \varphi_i \cos^2 \varphi_i \right) = F_1 \tag{4}$$

$$\frac{\partial V_\varepsilon}{\partial \Delta_y} = \Delta_x \left(\sum_{i=1}^{k} \frac{E A_i}{h} \sin \varphi_i \cos^2 \varphi_i \right) + \Delta_y \left(\sum_{i=1}^{k} \frac{E A_i}{h} \cos^3 \varphi_i \right) = F_2 \tag{5}$$

由式（4）和式（5）解得

$$\Delta_x = \frac{F_1\left(\sum_{i=1}^{k} \frac{EA_i}{h}\cos^3\varphi_i\right) - F_2\left(\sum_{i=1}^{k} \frac{EA_i}{h}\sin\varphi_i\cos^2\varphi_i\right)}{\left(\sum_{i=1}^{k} \frac{EA_i}{h}\sin^2\varphi_i\cos\varphi_i\right)\left(\sum_{i=1}^{k} \frac{EA_i}{h}\cos^3\varphi_i\right) - \left(\sum_{i=1}^{k} \frac{EA_i}{h}\sin\varphi_i\cos^2\varphi_i\right)^2}$$

$$(6)$$

$$\Delta_y = \frac{F_1\left(\sum_{i=1}^{k} \frac{EA_i}{h}\sin\varphi_i\cos^2\varphi_i\right) - F_2\left(\sum_{i=1}^{k} \frac{EA_i}{h}\sin^2\varphi_i\cos\varphi_i\right)}{\left(\sum_{i=1}^{k} \frac{EA_i}{h}\sin\varphi_i\cos^2\varphi_i\right)^2 - \left(\sum_{i=1}^{k} \frac{EA_i}{h}\sin^2\varphi_i\cos\varphi_i\right)\left(\sum_{i=1}^{k} \frac{EA_i}{h}\cos^3\varphi_i\right)}$$

$$(7)$$

设第 i 杆的轴力为 F_{Ni}，则由胡克定律可得

$$F_{Ni} = \frac{EA_i\Delta l_i}{l_i} = \frac{EA_i}{h}(\Delta_x\sin\varphi_i + \Delta_y\cos\varphi_i)\cos\varphi_i \tag{8}$$

把式(6)和式(7)求得的位移 Δ_x 和 Δ_y 代入式(8)，便可求出各杆的轴力。

例题 3-15 至例题 3-17 均以多余未知力作为基本未知量，这种以力为基本未知量求解超静定问题的方法，统称为 力法。例题 3-18 以未知的结点位移作为基本未知量，这种以位移为基本未知量求解超静定问题的方法，统称为 位移法。通常，力法的应用较为广泛，但若用力法求解时多余未知力的数目较多（如例题 3-18 所示杆系的高次超静定问题），则需求解联立方程组，计算较为复杂。这时应用位移法来求解，往往比较简便（如例题 3-18 的未知结点位移仅有两个）。

力法和位移法是求解超静定系统的两种基本方法。关于力法和位移法的进一步讨论及其正则方程（即补充方程的标准形式），将在结构力学课程中详细介绍。

* §3-5　虚位移原理及单位力法

Ⅰ. 虚位移原理

在理论力学中介绍了质点和质点系的虚位移原理：质点或质点系处于平衡状态的必要和充分条件是：作用在其上的力对于虚位移所作的总功为零。任意一个杆件（可变形固体），也可看作是质点系，作用在杆件上的力可分为外力和内力两组，外力指的是荷载和支座约束力，内力则为截面上各部分间的相互作用力。因此，对于一个处于平衡状态下的杆件，其外力和内力对任意给定的虚位移所作的总虚功也必然等于零，即

$$W_e + W_i = 0 \qquad\qquad (3-16)$$

式中，W_e 和 W_i 分别代表外力和内力对虚位移所作的虚功。式(3-16)为可变形固体(杆件或结构)虚位移原理的表达式。

需说明的是，杆件(或结构)的虚位移与质点或质点系的虚位移在约束条件上是有差异的。杆件的约束条件除支座约束条件外，还包括杆件中各单元体变形的几何相容条件。前者与质点或质点系是共同的，而后者则是质点或质点系所没有的。杆件在荷载作用下所发生的位移均应满足上述两类约束条件，且是微小的量。杆件由荷载作用产生的微小位移符合虚位移的基本要求，因而可当作虚位移。

设以简支梁(图 3-4a)为例，来推导其虚位移原理的具体表达式。

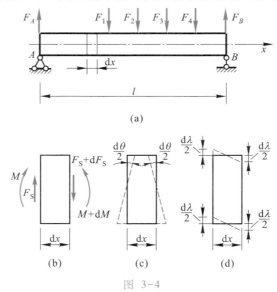

图 3-4

图 3-4a 所示简支梁上的外力为荷载 F_1、F_2、F_3、F_4 和支座约束力 F_A、F_B。当给梁任意一个虚位移时，所有荷载作用点均有与其相应的虚位移 $\overline{\Delta}_1$、$\overline{\Delta}_2$、$\overline{\Delta}_3$、$\overline{\Delta}_4$(图上未绘出)。两支座 A、B 则不可能有虚位移。因此，梁上所有外力(包括荷载和支座约束力)对于虚位移所作的虚功为

$$W_e = \sum_{i=1}^{4} F_i \overline{\Delta}_i + F_A \cdot 0 + F_B \cdot 0 = \sum_{i=1}^{4} F_i \overline{\Delta}_i \qquad\qquad (a)$$

为计算梁的内力对于虚位移所作的虚功，先从梁中取出任一微段 $\mathrm{d}x$(图 3-4a、b)。作用在微段左、右两横截面上的内力分别为剪力 F_S、$F_S + \mathrm{d}F_S$ 和弯矩

M、$M+\mathrm{d}M$。对于微段而言,剪力、弯矩都应看作是外力,微段的虚位移可分为刚体虚位移和变形虚位移①两部分。由于微段在上述外力作用下处于平衡状态,根据质点虚位移原理,所有外力对于微段的刚体虚位移所作的总虚功必等于零。而微段的变形虚位移将有如图 3-4c、d 所示的两组。由于变形虚位移是个微小的量,弯矩和剪力就只对与其相应的虚位移(图 3-4c、d)作虚功。因此,总虚功为

$$M\left(\frac{\mathrm{d}\theta}{2}\right) + (M + \mathrm{d}M)\left(\frac{\mathrm{d}\theta}{2}\right) + F_{\mathrm{s}}\left(\frac{\mathrm{d}\lambda}{2}\right) + (F_{\mathrm{s}} + \mathrm{d}F_{\mathrm{s}})\left(\frac{\mathrm{d}\lambda}{2}\right)$$

略去其中的高阶无穷小项 $\mathrm{d}M\left(\dfrac{\mathrm{d}\theta}{2}\right)$ 和 $\mathrm{d}F_{\mathrm{s}}\left(\dfrac{\mathrm{d}\lambda}{2}\right)$,即得

$$M\mathrm{d}\theta + F_{\mathrm{s}}\mathrm{d}\lambda \qquad\qquad (\mathrm{b})$$

如前所述,作用在微段左、右两横截面上的 M 和 F_{s},对于该微段而言为外力,所以,$M\mathrm{d}\theta + F_{\mathrm{s}}\mathrm{d}\lambda$ 为微段的外力虚功,而微段的内力所作虚功 $\mathrm{d}W_{\mathrm{i}}$,则可按该微段的外力虚功与内力虚功之和等于零的虚位移原理求得,即由式(3-16)可得

$$\mathrm{d}W_{\mathrm{i}} + M\mathrm{d}\theta + F_{\mathrm{s}}\mathrm{d}\lambda = 0$$
$$\mathrm{d}W_{\mathrm{i}} = -(M\mathrm{d}\theta + F_{\mathrm{s}}\mathrm{d}\lambda) \qquad\qquad (\mathrm{c})$$

于是,整个梁的内力虚功为

$$W_{\mathrm{i}} = \int_{l} \mathrm{d}W_{\mathrm{i}} = -\int_{l} (M\mathrm{d}\theta + F_{\mathrm{s}}\mathrm{d}\lambda) \qquad\qquad (\mathrm{d})$$

将式(a)、式(d)两式代入虚位移原理公式(3-16),即得

$$\sum_{i=1}^{4} F_{i}\overline{\Delta}_{i} - \int_{l} (M\mathrm{d}\theta + F_{\mathrm{s}}\mathrm{d}\lambda) = 0$$

亦即

$$\sum_{i=1}^{4} F_{i}\overline{\Delta}_{i} = \int_{l} (M\mathrm{d}\theta + F_{\mathrm{s}}\mathrm{d}\lambda) \qquad\qquad (3-17)$$

上式右端的积分应遍及梁的全长 l。

若所研究的对象为发生组合变形的杆件(图 3-5a),其任意截面上的内力有弯矩 M、剪力 F_{s}、轴力 F_{N} 和扭矩 T,作用在杆上的荷载为 $F_{i}(i=1,2,\cdots,n)$,则杆件的虚位移原理表达式为

$$\sum_{i=1}^{n} F_{i}\overline{\Delta}_{i} = \int_{l} (M\mathrm{d}\theta + F_{\mathrm{s}}\mathrm{d}\lambda + F_{\mathrm{N}}\mathrm{d}\delta + T\mathrm{d}\varphi) \qquad\qquad (3-18)$$

式中,左端的 $\overline{\Delta}_{i}$ 为与力 F_{i} 相应的虚位移;右端的 $\mathrm{d}\delta$、$\mathrm{d}\varphi$ 分别为微段上与轴力

---

① 梁在荷载作用下所有微段都会发生变形。所研究的微段因其余各微段变形而发生的虚位移为刚体虚位移;而由于该微段本身变形所引起的虚位移为变形虚位移。

F_N和扭矩T相对应的变形虚位移（图3-5e、f），其余的符号意义如前文所述。此外，在式（3-18）中，虚位移$\overline{\Delta}_i$、$d\theta$、$d\lambda$、$d\delta$、$d\varphi$的正负号规定为依次与F_i、M、F_S、F_N和T的指向或转向一致者为正，相反者为负。

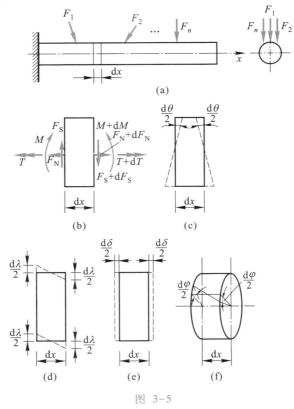

图 3-5

必须指出，在推导杆件的虚位移原理表达式（3-18）时，并未涉及杆件变形性质方面的问题。因此，虚位移原理表达式（3-18）既不限定用于线性问题，也不限定用于弹性问题。下面仅讨论其在计算线弹性体上指定点位移时的应用。

Ⅱ．单位力法

如前所述，符合杆件的支座条件并满足杆件中各微段间变形相容条件的微小位移，均可视为杆件的虚位移。因此，可将实际荷载作用下杆件的位移及各微段两端横截面间的变形位移当作虚位移。这样，若要确定在实际荷载作用下杆件上某一截面沿某一指定方向（或转向）的位移Δ，就可在该点处施加一个相应的单位力①,并将其看作为荷载,而由单位力所引起的杆件任意横截面上的内力记为 $\overline{F}_N$、$\overline{M}$、$\overline{F}_s$、$\overline{T}$。于是,杆件的虚位移原理表达式(3-18)成为

$$1 \times \Delta = \int_l (\overline{F}_N \mathrm{d}\delta + \overline{M} \mathrm{d}\theta + \overline{F}_s \mathrm{d}\lambda + \overline{T} \mathrm{d}\varphi) \qquad (3-19)$$

式中,由实际荷载所引起的待定位移 Δ 是被当作虚位移看待的,$1 \times \Delta$ 就代表单位力所作的虚功;$\mathrm{d}\delta$、$\mathrm{d}\theta$、$\mathrm{d}\lambda$、$\mathrm{d}\varphi$ 则为由实际荷载引起的分别与 $\overline{F}_N$、$\overline{M}$、$\overline{F}_s$、$\overline{T}$ 相对应的变形位移,而在式(3-19)中,则被视为虚位移。

式(3-19)为用单位力法计算杆件位移的一般表达式。应当注意,在按杆件的虚位移原理导出该式时,是将实际荷载所引起的位移当作虚位移,而将虚设的单位力当作荷载。

对于线弹性体的杆件,由实际荷载引起的 $\mathrm{d}x$ 微段两端横截面间的变形位移分别为

$$\left. \begin{array}{l} \mathrm{d}\delta = \dfrac{F_N \mathrm{d}x}{EA} \\[2mm] \mathrm{d}\theta = \dfrac{M \mathrm{d}x}{EI} \\[2mm] \mathrm{d}\lambda = \dfrac{\alpha_s F_s \mathrm{d}x②}{GA} \\[2mm] \mathrm{d}\varphi = \dfrac{T \mathrm{d}x}{GI_p} \end{array} \right\} \qquad (3-20)$$

上式中的 F_N、M、F_s、T 为杆件横截面上由实际荷载所引起的内力。将上列各关系式代入式(3-19)即得

$$1 \times \Delta = \int_0^l \overline{F}_N \frac{F_N \mathrm{d}x}{EA} + \int_0^l \overline{M} \frac{M \mathrm{d}x}{EI} +$$

$$\int_0^l \overline{F}_s \frac{\alpha_s F_s \mathrm{d}x}{GA} + \int_0^l \overline{T} \frac{T \mathrm{d}x}{GI_p} \qquad (3-21)$$

上式即为用单位力法求线弹性体位移的计算公式。对于非圆截面杆,上式中的 I_p 应以 I_t 替代。

在应用式(3-21)计算位移时,应注意:

(1) 在所研究的杆件中,由实际荷载所引起的横截面上的内力,并不一定都

---

① 按材料力学的习惯,单位力在计算过程中略去单位。一般情形下,单位力对应的单位为 N,单位力偶对应的单位为 N·m。

② 式中的 F_s/A 代表横截面上的平均切应力 τ_m,而 τ_m/G 则代表平均切应变 γ_m,这里的 α_s 是个大于 1 的因数,是切应力实际上不均匀并与截面形状有关的修正因数。

有轴力 F_N、弯矩 M、剪力 F_S 和扭矩 T。同样,在单位力作用下也不一定都有 $\overline{F}_N$、$\overline{M}$、$\overline{F}_S$ 和 $\overline{T}$。因此,需根据具体的研究对象,确定其右端的项目。

（2）单位力为与需求位移相应的广义力,且是个有单位的量。若 Δ 为所求某截面处的线位移,则单位力即为施加于该处沿所求线位移方向的力,例如 1 N 或 1 kN。若 Δ 为某一截面的转角或扭转角,则单位力为施加于该截面处的弯曲力偶或扭转力偶,例如 1 N·m 或 1 kN·m。若 Δ 为桁架上两结点间的相对线位移,则单位力应该是施加在两结点上沿两结点连线的一对大小相等、指向相反的力,等等。

（3）若所求位移 Δ 的结果为正值,则表示其指向与单位力指向一致;若为负值,则与单位力的指向相反。公式右端积分号内由单位力引起的内力以及由荷载引起的内力,其正负号的规定与以前的规定相同。图 3-5b 中绘出了正值内力的指向或转向,以备查阅。

（4）在仅受结点荷载作用的桁架中,由于各杆在横截面上只有轴力 F_N,且沿杆长为定值,因此,用单位力法计算桁架结点位移的表达式可改写为

$$1 \cdot \Delta = \sum_{i=1}^{n} \overline{F}_{Ni} \frac{F_{Ni} l_i}{E_i A_i} \tag{3-22}$$

式中,F_{Ni}、A_i 和 l_i 分别为第 i 根杆件的轴力、横截面面积和杆长（$i=1,2,\cdots,n$；n 为杆的总数）;$\overline{F}_i$ 为该杆件由单位力所引起的轴力。

例题 3-19 弯曲刚度为 EI 的等截面简支梁承受集度为 q 的均布荷载作用,如图 a 所示,不计剪力对弯曲变形的影响。试用单位力法计算梁中点 C 的挠度和支座截面 A 的转角。

解:（1）由荷载引起的弯矩方程

取 x 轴与梁的轴线重合,并以左支座 A 为坐标原点。在均布荷载作用下,任意 x 截面的弯矩表达式为

$$M(x) = \frac{ql}{2}x - \frac{qx^2}{2} \quad (0 \le x \le l) \tag{1}$$

（2）梁中点 C 的挠度

为求梁中点 C 处的挠度 w_C,可在该点处施加向下的单位力 1（图 b）,由单位力作用所引起的 x 截面弯矩表达式为

$$\overline{M}(x) = \frac{1}{2}x \quad \left(0 \le x \le \frac{l}{2}\right) \tag{2}$$

将 $M(x)$、$\overline{M}(x)$ 表达式代入式（3-21）右端第二项,并注意到荷载和单位力

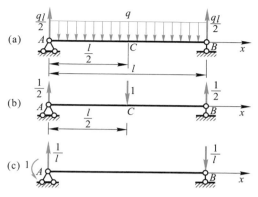

例题 3-19 图

作用下弯矩图对梁中点的对称性,因此可得梁中点的挠度 w_C 为

$$w_C = \Delta = \int_l \overline{M}(x)\frac{M(x)\,\mathrm{d}x}{EI} = 2\int_0^{\frac{l}{2}}\frac{x}{2EI}\left(\frac{ql}{2}x - \frac{qx^2}{2}\right)\mathrm{d}x = \frac{5ql^4}{384EI} \tag{3}$$

结果为正值,表示挠度 w_C 的指向与单位力的指向一致,即向下。

（3）支座截面 A 的转角

为求左支座截面 A 的转角 θ_A,可在该截面处施加单位力偶 1,其转向取逆时针向（图 c）。由单位力偶作用所引起的 x 截面弯矩表达式为

$$\overline{M}(x) = \frac{1}{l}x - 1 \quad (0 \leqslant x \leqslant l) \tag{4}$$

将式（1）、式（4）两式中的 $M(x)$、$\overline{M}(x)$ 代入式（3-21）右端第二项,即得支座截面 A 的转角 θ_A 为

$$\theta_A = \Delta = \int_l \overline{M}(x)\frac{M(x)\,\mathrm{d}x}{EI} = \int_0^l \frac{1}{EI}\left(\frac{x}{l} - 1\right)\left(\frac{ql}{2}x - \frac{qx^2}{2}\right)\mathrm{d}x$$

$$= \frac{1}{EI}\left(\frac{ql^3}{6} - \frac{ql^3}{4} - \frac{ql^3}{8} + \frac{ql^3}{6}\right) = -\frac{ql^3}{24EI} \tag{5}$$

结果为负值,表示转角 θ_A 的转向与单位力偶的转向相反,即为顺时针转向。

例题 3-20　矩形截面（$b \times h$）简支梁 AB,承受均布荷载 q 作用,如图 a 所示。梁材料为线弹性,弹性模量为 E,切变模量为 G。考虑剪力的影响,试用虚位移原理,推导单位力法表达式（3-21）,并计算修正因数 α_s。

解：（1）单位力法表达式

设广义力系 $\overline{F}_i$ 为外力系,而由荷载 q 产生的位移为虚位移。由荷载引起的

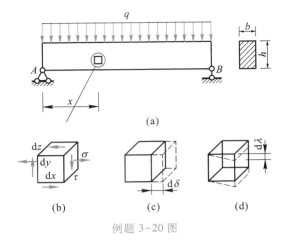

例题 3−20 图

相应于外力系的虚位移记为 Δ_i，则外力系 $\overline{F}_i$ 所作的虚功为

$$W_e = \sum_{i=1}^{n} \overline{F}_i \Delta_i$$

现考虑内力的虚功。若广义力系 $\overline{F}_i$ 在梁任一截面距中性轴任一距离 y 处作用的应力为(图 b)

$$\overline{\sigma} = \frac{\overline{M}}{I} y, \quad \overline{\tau} = \frac{\overline{F}_s S^*}{bI}$$

在荷载作用下，任一截面任一点处的虚位移为(图 c、d)

$$d\delta = \varepsilon dx = \frac{\sigma}{E} dx = \frac{M}{EI} y dx$$

$$d\lambda = \gamma dx = \frac{\tau}{G} dx = \frac{F_s S^*}{GbI} dx$$

单元体(图 b)各表面上由应力构成的内力元素，对单元体而言是外力，因此，由 $dW_e + dW_i = 0$，得单元体的内力虚功为

$$dW_i = -dW_e = -\left[(\overline{\sigma} dy dz) d\delta + (\overline{\tau} dy dz) d\lambda \right]$$

$$= -\left[\left(\frac{\overline{M}y}{I} dy dz \right) \left(\frac{My}{EI} dx \right) + \left(\frac{\overline{F}_s S^*}{bI} dy dz \right) \left(\frac{F_s S^*}{GbI} dx \right) \right]$$

于是，整个梁的内力虚功为

$$W_i = \int_V dW_i = -\left(\int_l \frac{\overline{M}M}{EI^2} dx \int_A y^2 dA + \int_l \frac{\overline{F}_s F_s}{GI^2} dx \int_A \frac{S^{*2}}{b^2} dA \right)$$

式中 $\int_A y^2 \mathrm{d}A = I$，令 $\dfrac{A}{I^2} \int_A \dfrac{S^{*2}}{b^2} \mathrm{d}A = \alpha_s$，则得

$$W_i = -\left(\int_l \frac{\overline{M}M}{EI} \mathrm{d}x + \int_l \alpha_s \frac{\overline{F}_s F_s}{GA} \mathrm{d}x \right)$$

由虚位移原理，有

$$W_e + W_i = 0$$

即得

$$\sum_{i=1}^{n} \overline{F}_i \Delta_i = \int_l \frac{\overline{M}M}{EI} \mathrm{d}x + \int_l \alpha_s \frac{\overline{F}_s F}{GA} \mathrm{d}x$$

若广义力系 $\overline{F}_i$ 为单位力，即得单位力法表达式（3-21）在仅有弯矩和剪力项情况下的形式：

$$\Delta = \int_l \frac{\overline{M}M}{EI} \mathrm{d}x + \int_l \alpha_s \frac{\overline{F}_s F}{GA} \mathrm{d}x$$

（2）修正因数

对于矩形截面，通过横截面上任一点与中性轴平行线一侧部分面积对中性轴的静矩为

$$S^* = \frac{b}{2}\left(\frac{h^2}{4} - y^2 \right)$$

所以

$$\alpha_s = \frac{A}{I^2} \int_A \frac{S^{*2}}{b^2} \mathrm{d}A = \frac{A}{I^2} \int_{-h/2}^{h/2} \frac{1}{4}\left(\frac{h^2}{4} - y^2 \right)^2 (b\mathrm{d}y)$$

$$= \frac{bh}{(bh^3/12)^2} \frac{bh^5}{120} = \frac{6}{5}$$

由本题计算可见，剪力项的修正因数 α_s 是一与截面形状有关，而与截面尺寸无关的因子。对于其他形状的截面，修正因数 α_s 可按同理求得。可以证明，实心圆截面的修正因数 $\alpha_s = 10/9$；薄壁圆环形截面的 $\alpha_s = 2$；箱形或工字形截面的修正因数 $\alpha_s = A/A_f$（A 为整个横截面面积，A_f 为腹板的横截面面积）。

例题 **3-21** 静定桁架在结点 H 处受水平集中力 F 作用，如图 a 所示。桁架除两斜杆的横截面面积为 $2A$ 外，其余各杆均为 A，所有杆件的材料均相同，其弹性模量为 E。试用单位力法求桁架中结点 B、H 的水平位移以及两结点 A、D 间的相对线位移。

解：（1）受力分析

为求结点 H、B 的水平位移，应分别在该两结点上施加水平单位力（图 b、c）。

在计算两结点 A、D 间的相对线位移时,则应在 A、D 两结点上沿 A、D 间连线各施加单位力 1(图 d),其指向相对(或相背)。

按桁架内力的分析方法,分别求出桁架在荷载和单位力作用下各杆件的轴力,其结果列于表 3-2 中,正号的轴力为拉力,负号的轴力为压力。

(2)所求位移

按单位力法表达式(3-22),即可求得结点 B、H 的水平位移及结点 A、D 间的相对位移。其计算过程列于表 3-2 中,所得结果分别为

结点 B 的水平位移

$$\Delta_B = 2.207 \frac{Fa}{EA} \tag{1}$$

结点 H 的水平位移

$$\Delta_H = 3.707 \frac{Fa}{EA} \tag{2}$$

两结点 A、D 间的相对线位移

$$\Delta_{A,D} = -2.268 \frac{Fa}{EA} \tag{3}$$

算得的 Δ_B、Δ_H 均为正值,说明该两位

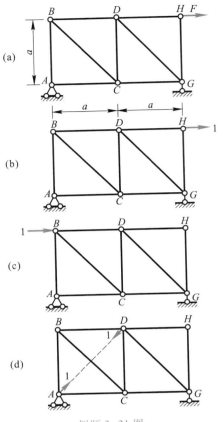

例题 3-21 图

移均与相应的单位力指向(图 c、b)一致,即向右;而 $\Delta_{A,D}$ 为负值,则说明 A、D 两结点的相对位移与施加的一对单位力的指向相反,而是相对远离。

例题 3-22 截面为圆形的半圆环小曲率曲杆,沿曲杆轴线受垂直于轴线平面而集度为 q 的均布荷载作用,如图 a 所示。曲杆材料的弹性常数为 E 和 G,圆截面的直径为 d。试用单位力法求曲杆自由端 A 点的铅垂位移及绕 x 轴的转角和绕 y 轴的扭转角。

解:在曲杆中取微段 $ds = Rd\varphi$,且式(3-21)右端的积分均对弧长(或圆心角)进行。在所示荷载情况下,曲杆的横截面上有 M、F_s、T。于是式(3-21)改写为

$$1 \times \Delta = \int_0^\pi \overline{M} \frac{MRd\varphi}{EI} + \int_0^\pi \overline{T} \frac{TRd\varphi}{GI_p} + \int_0^\pi \alpha_s \overline{F}_s \frac{F_s Rd\varphi}{GA} \tag{1}$$

在求杆自由端 A 点的铅垂位移时,应在 A 点施加铅垂方向的单位力(图 b),而在求杆自由端绕 x 轴的转角和绕 y 轴的扭转角时,则应分别在端截面上施加绕 x 轴和绕 y 轴的单位力偶(图 c、d)。

表 3-2　例题 3-21 的计算表

杆件	杆长	$\dfrac{l}{EA}$	荷载引起的内力 F_N	单位力(在H点)引起的内力 $\bar{F}_N$	$\bar{F}_N F_N \dfrac{l}{EA}$	荷载引起的内力 F_N	单位力(在B点)引起的内力 $\bar{F}_N$	$\bar{F}_N F_N \dfrac{l}{EA}$	荷载引起内力 F_N	单位力(在A,D两点)引起内力 $\bar{F}_N$	$\bar{F}_N F_N \dfrac{l}{EA}$
AB	a	$\dfrac{a}{EA}$	$\dfrac{F}{2}$	$\dfrac{1}{2}$	$\dfrac{1}{4}\dfrac{Fa}{EA}$	$\dfrac{F}{2}$	$\dfrac{1}{2}$	$\dfrac{1}{4}\dfrac{Fa}{EA}$	$\dfrac{F}{2}$	$\dfrac{\sqrt{2}}{2}$	$-\dfrac{\sqrt{2}}{4}\dfrac{Fa}{EA}$
CD	a	$\dfrac{a}{EA}$	$\dfrac{F}{2}$	$\dfrac{1}{2}$	$\dfrac{1}{4}\dfrac{Fa}{EA}$	$\dfrac{F}{2}$	$\dfrac{1}{2}$	$\dfrac{1}{4}\dfrac{Fa}{EA}$	$\dfrac{F}{2}$	$\dfrac{\sqrt{2}}{2}$	$-\dfrac{\sqrt{2}}{4}\dfrac{Fa}{EA}$
GH	a	$\dfrac{a}{EA}$	0	0	0	0	0	0	0	0	0
BD	a	$\dfrac{a}{EA}$	$\dfrac{F}{2}$	$\dfrac{1}{2}$	$\dfrac{1}{4}\dfrac{Fa}{EA}$	$\dfrac{F}{2}$	$-\dfrac{1}{2}$	$-\dfrac{1}{4}\dfrac{Fa}{EA}$	$\dfrac{F}{2}$	$\dfrac{\sqrt{2}}{2}$	$-\dfrac{\sqrt{2}}{4}\dfrac{Fa}{EA}$
DH	a	$\dfrac{a}{EA}$	F	1	$\dfrac{Fa}{EA}$	F	0	0	F	0	0
AC	a	$\dfrac{a}{EA}$	F	1	$\dfrac{Fa}{EA}$	F	1	$\dfrac{Fa}{EA}$	F	$\dfrac{\sqrt{2}}{2}$	$-\dfrac{\sqrt{2}}{2}\dfrac{Fa}{EA}$
CG	a	$\dfrac{a}{EA}$	$\dfrac{F}{2}$	$\dfrac{1}{2}$	$\dfrac{1}{4}\dfrac{Fa}{EA}$	$\dfrac{F}{2}$	$\dfrac{1}{2}$	$\dfrac{1}{4}\dfrac{Fa}{EA}$	$\dfrac{F}{2}$	0	0
BC	$\sqrt{2}a$	$\dfrac{\sqrt{2}a}{EA}$	$-\dfrac{\sqrt{2}}{2}F$	$-\dfrac{\sqrt{2}}{2}$	$\dfrac{\sqrt{2}}{4}\dfrac{Fa}{EA}$	$-\dfrac{\sqrt{2}}{2}F$	$\dfrac{\sqrt{2}}{2}$	$\dfrac{\sqrt{2}}{4}\dfrac{Fa}{EA}$	$-\dfrac{\sqrt{2}}{2}F$	1	$\dfrac{Fa}{2EA}$
DG	$\sqrt{2}a$	$\dfrac{\sqrt{2}a}{EA}$	$-\dfrac{\sqrt{2}}{2}F$	$-\dfrac{\sqrt{2}}{2}$	$\dfrac{\sqrt{2}}{4}\dfrac{Fa}{EA}$	$-\dfrac{\sqrt{2}}{2}F$	$-\dfrac{\sqrt{2}}{2}$	$\dfrac{\sqrt{2}}{4}\dfrac{Fa}{EA}$	$-\dfrac{\sqrt{2}}{2}F$	0	0
$\sum\limits_{i=1}^{n}\bar{F}_{Ni}F_{Ni}\dfrac{l_i}{EA_i}$					$3.707\dfrac{Fa}{EA}$			$2.207\dfrac{Fa}{EA}$			$-2.268\dfrac{Fa}{EA}$

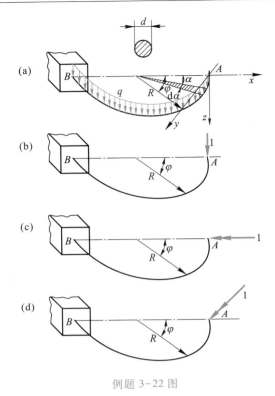

例题 3-22 图

　　计算在均布荷载和各单位力(力偶)分别作用下,任意横截面上的弯矩、剪力和扭矩等内力分量,并列于表 3-3 中。

表 3-3　例题 3-22 中的各内力分量表达式

内力分量	在均布荷载作用下 (图 a)	在铅垂方向单位力作用下 (图 b)	在绕 x 轴的单位力偶作用下 (图 c)	在绕 y 轴的单位力偶作用下 (图 d)
弯矩	$M = \int_0^\varphi qR^2 \sin(\varphi - \alpha)\,d\alpha$ $= qR^2(1 - \cos\varphi)$	$\overline{M} = R\sin\varphi$	$\overline{M} = \cos\varphi$	$\overline{M} = -\sin\varphi$
剪力	$F_S = \int_0^\varphi qR\,d\alpha = qR\varphi$	$\overline{F}_S = 1$	$\overline{F}_S = 0$	$\overline{F}_S = 0$
扭矩	$T = \int_0^\varphi qR^2(1 - \cos\alpha)\,d\alpha$ $= qR^2(\varphi - \sin\varphi)$	$\overline{T} = R(1 - \cos\varphi)$	$\overline{T} = \sin\varphi$	$\overline{T} = \cos\varphi$

　　根据上述诸内力分量表达式,即可由式(1)求得相应的位移分量。现将计算过程及结果列于表 3-4 中。

表 3-4　例题 3-22 中内力虚功及位移分量的计算

在铅垂方向单位力作用下	在绕 x 轴的单位力偶作用下	在绕 y 轴的单位力偶作用下
$\int \overline{M} \dfrac{M\mathrm{d}s}{EI} = \int_0^\pi \dfrac{qR^4}{EI}(\sin\varphi -$ $\sin\varphi\cos\varphi)\mathrm{d}\varphi$ $= \dfrac{2qR^4}{EI}$	$\int \overline{M} \dfrac{M\mathrm{d}s}{EI} = \int_0^\pi \dfrac{qR^3}{EI}(\cos\varphi -$ $\cos^2\varphi)\mathrm{d}\varphi$ $= -\dfrac{\pi qR^3}{2EI}$	$\int \overline{M} \dfrac{M\mathrm{d}s}{EI} = \int_0^\pi \dfrac{qR^3}{EI}(-\sin\varphi +$ $\sin\varphi\cos\varphi)\mathrm{d}\varphi$ $= -\dfrac{2qR^3}{EI}$
$\int \alpha_s \overline{F}_s \dfrac{F_s\mathrm{d}s}{GA} = \int_0^\pi \alpha_s \dfrac{qR^2}{GA}\cdot$ $\varphi\mathrm{d}\varphi = \dfrac{5}{9}\dfrac{\pi^2 qR^2}{GA}$	$\int \alpha_s \overline{F}_s \dfrac{F_s\mathrm{d}s}{GA} = 0$	$\int \alpha_s \overline{F}_s \dfrac{F_s\mathrm{d}s}{GA} = 0$
$\int \overline{T} \dfrac{T\mathrm{d}s}{GI_p} = \int_0^\pi \dfrac{qR^4}{GI_p}(\varphi-\sin\varphi)\cdot$ $(1-\cos\varphi)\mathrm{d}\varphi$ $= \dfrac{\pi^3 qR^4}{2GI_p}$	$\int \overline{T} \dfrac{T\mathrm{d}s}{GI_p} = \int_0^\pi \dfrac{qR^3}{GI_p}(\varphi\sin\varphi -$ $\sin^2\varphi)\mathrm{d}\varphi$ $= \dfrac{\pi qR^3}{2GI_p}$	$\int \overline{T} \dfrac{T\mathrm{d}s}{GI_p} = \int_0^\pi \dfrac{qR^3}{GI_p}(\varphi\cos\varphi -$ $\sin\varphi\cos\varphi)\mathrm{d}\varphi$ $= -\dfrac{2qR^3}{GI_p}$
$\Delta_A = \dfrac{2qR^4}{EI} +$ $\dfrac{5}{9}\dfrac{\pi^2 qR^2}{GA}+\dfrac{\pi^2 qR^4}{2GI_p}$	$\theta_A = -\dfrac{\pi qR^3}{2EI}+\dfrac{\pi qR^3}{2GI_p}$	$\varphi_A = -\left(\dfrac{2qR^3}{EI}+\dfrac{2qR^3}{2GI_p}\right)$

　　所得 A 点的铅垂位移 Δ_A 和转角 θ_A 为正值,表示其指向(转向)与单位力(力偶)的指向(转向)一致,而求得的扭转角 φ_A 为负值,则表示其转向与单位力偶的转向相反。

思　考　题

3-1　试问能否用卡氏第二定理计算非线性弹性体的位移? 为什么?

3-2　若用卡氏第二定理求图示刚架截面 A 的铅垂位移 Δ_{Ay},在不计剪力和轴力对位移的影响情况下,试问能否用 $\dfrac{\partial V_\varepsilon}{\partial F}=\Delta_{Ay}$? 为什么?

3-3　受均布荷载作用的等截面悬臂梁,变形后的挠曲线与变形前的轴线间所围的面积为 ω,如图所示。试证明在不计剪力对位移的影响情况下,应变能 V_ε 对荷载集度 q 的变化率等于面积 ω,即 $\dfrac{\partial V_\varepsilon}{\partial q}=\omega$。

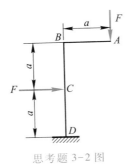

思考题 3-2 图

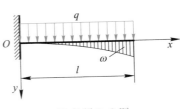

思考题 3-3 图

3-4 图示桁架中,杆 1、2、3 的材料和长度相同,弹性模量为 E,杆长为 l,但三杆的横截面面积不等,$A_1 = A_2 = A$,$A_3 = 2A$。若在结点 C 处施加集中力 F,试问欲使结点 C 的位移仅沿铅垂方向,能否用能量法求出角度 θ 值?

3-5 超静定刚架及其承载如图 a 所示,图 b、c 和 d 为三种供选择的基本静定系,试问哪些不能作为基本静定系,为什么?

3-6 试问虚位移原理应用于刚体和变形固体时,有什么区别?为何对于线弹性体和非线性弹性体都适用?

3-7 用单位力法求解非线性弹性问题时,试问能否应用式(3-21)?为什么?

3-8 试问单位力法与卡氏第二定理间有何联系?

*3-9 具有单位厚度的均质矩形板,承受一对集中荷载作用,

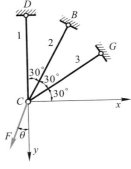

思考题 3-4 图

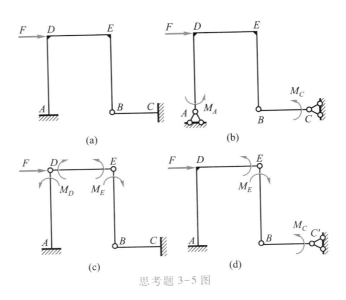

思考题 3-5 图

如图所示。板的材料服从胡克定律,弹性模量 E 及泊松比 ν 均为已知。试问用何种方法能够求出板的面积 A 的改变量 ΔA(计算时略去 F 力作用点附近的局部应力)?

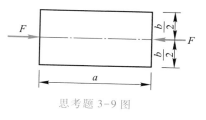

*3-10　在线弹性范围内具有弯曲刚度为 EI 的悬臂梁,在自由端受集中力 $F=\dfrac{2M_s}{l}$ 作用,如图 a 所示。

已知梁各截面处的弯矩 M 与曲率 κ 间的关系如图 b 所示,图中的 M_s 和 κ_s 分别代表梁横截面上、下边缘开始屈服时的弯矩和曲率。在不计剪力对位移的影响时,试问能否用单位力法求得梁的最大挠度? 并列出其最大挠度表达式。

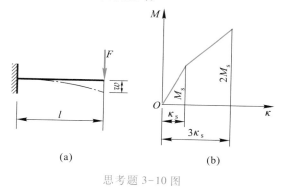

(a)　　　　　　　　　　　(b)

思考题 3-10 图

习　　　　题

3-1　图示各杆均由同一种材料制成,材料为线弹性,弹性模量为 E。各杆的长度相同。试求各杆的应变能。

3-2　拉、压刚度为 EA 的等截面直杆,上端固定、下端与刚性支承面之间留有空隙 Δ,在中间截面 B 处承受轴向力 F 作用,如图所示。杆材料为线弹性,当 $F>\dfrac{EA\Delta}{l}$ 时,下端支承面的约束力为

$$F_C=\frac{F}{2}-\frac{\Delta}{l}\frac{EA}{2}$$

于是,力 F 作用点的铅垂位移为

$$\Delta_B=\frac{(F-F_C)l}{EA}=\frac{Fl}{2EA}+\frac{\Delta}{2}$$

从而得外力 F 所作的功为

$$W=\frac{1}{2}F\Delta_B=\frac{F^2l}{4EA}+\frac{F\Delta}{4}$$

而杆的应变能为

$$V_\varepsilon = \frac{(F-F_c)^2 l}{2EA} + \frac{F_c^2 l}{2EA} = \frac{F^2 l}{4EA} + \frac{\Delta^2 EA}{4l}$$

结果,杆的应变能不等于外力所作的功 $V_\varepsilon \neq W$,试分析其错误的原因,并证明 $V_\varepsilon = W$。

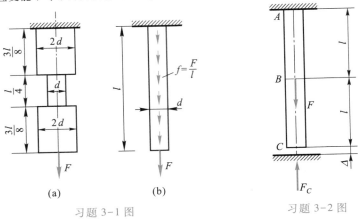

习题 3-1 图　　　　　　　习题 3-2 图

　　3-3　直径 $d_2 = 1.5d_1$ 的阶梯形轴在其两端承受扭转外力偶矩 M_e 作用,如图所示。轴材料为线弹性,切变模量为 G。试求圆轴内的应变能。

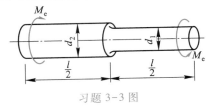

习题 3-3 图

　　3-4　图示各结构材料均为线弹性,其弯曲刚度为 EI,杆的拉压刚度为 EA,不计剪力的影响,试计算结构内的应变能。

　　3-5　图示三角架承受荷载 F 作用,AB、AC 两杆的横截面面积均为 A。若已知 A 点的水平位移 Δ_{Ax}(向左)和铅垂位移 Δ_{Ay}(向下),试按下列情况分别计算三角架的应变能 V_ε,将 V_ε 表达为 Δ_{Ax}、Δ_{Ay} 的函数。

　　(1)若三角架由线弹性材料制成,EA 为已知;

　　(2)若三角架由非线性弹性材料制成,其 σ-ε 关系为 $\sigma = B\sqrt{\varepsilon}$(图 b),$B$ 为常数,且拉伸和压缩相同。

　　3-6　试求习题 3-5 两种情况下的余能。

　　3-7　试用卡氏第二定理求习题 3-4 各分题中截面 A 的铅垂位移。

　　3-8　弯曲刚度均为 EI 的各刚架及其承载情况分别如图所示。材料为线弹性,不计轴力和剪力的影响,试用卡氏第二定理求各刚架截面 A 的位移和截面 B 的转角。

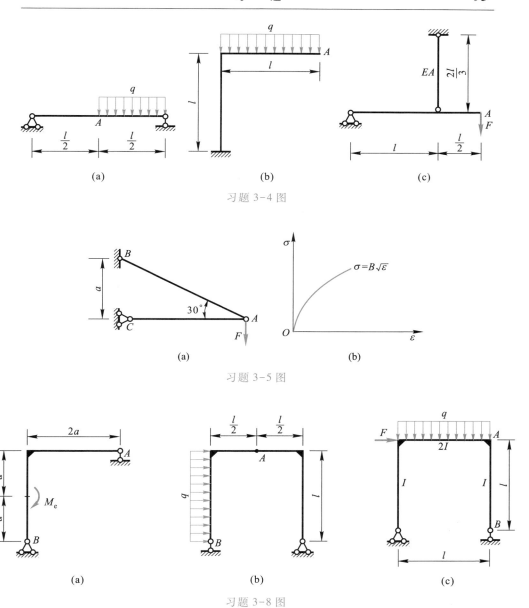

习题 3-4 图

习题 3-5 图

习题 3-8 图

3-9　弯曲刚度均为 EI 的各刚架及其承载情况分别如图所示。材料为线弹性,不计轴力和剪力的影响,试用卡氏第二定理求图示刚架上点 A、B 间的相对线位移和 C 点处两侧截面的相对角位移。

3-10　由直径为 d 的圆杆制成平均半径为 R 的开口圆环,在开口处承受一对垂直于圆环平面的集中力 F 作用,如图所示。材料为线弹性,其弹性模量为 E、切变模量为 G,试用卡

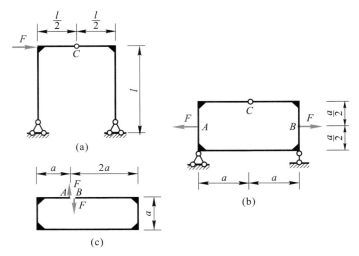

(a)

(b)

(c)

习题 3-9 图

氏第二定理求开口圆环 A、B 两点间相应于力 F 的相对位移。

　　3-11　矩形截面($b \times h$)简支梁 AB,在 C 点处承受集中荷载 F 作用,如图所示。梁材料为线弹性,弹性模量为 E、切变模量为 G,需考虑剪力的影响。试用卡氏第二定理求截面 C 的挠度。

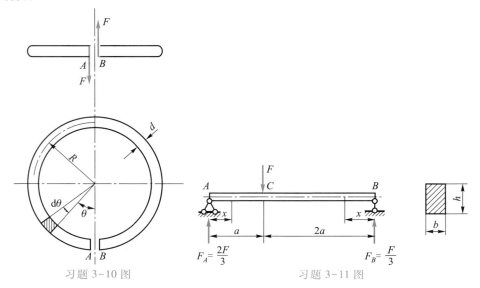

习题 3-10 图　　　　　　　　　　习题 3-11 图

　　3-12　弯曲刚度为 EI 的超静定梁及其承载情况分别如图 a 和 b 所示。梁材料为线弹性,不计剪力的影响,试用卡氏第二定理求各梁的支座约束力。

　　3-13　材料为线弹性,拉压刚度为 EA 的超静定桁架及其承载情况如图所示,试用卡氏

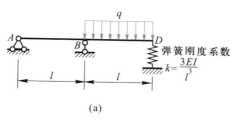

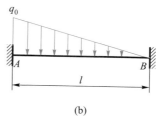

习题 3-12 图

第二定理求各杆的轴力。

3-14　材料为线弹性,弯曲刚度为 EI 的各超静定刚架分别如图所示,不计轴力和剪力的影响,试用卡氏第二定理求刚架的支座约束力。

3-15　材料为线弹性,弯曲刚度为 EI,扭转刚度为 GI_{p} 的各圆截面曲杆及其承载情况分别如图所示。不计轴力和剪力的影响,试用卡氏第二定理求各曲杆截面 A 的水平位移、铅垂位移及转角。

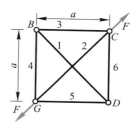

习题 3-13 图

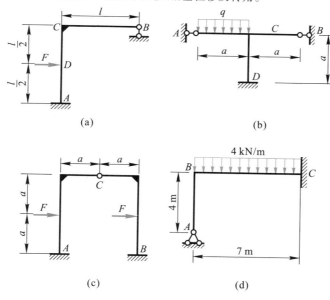

习题 3-14 图

3-16　由四根材料相同、长度均为 l、横截面面积均为 A 的等直杆组成的平面桁架,在结点 G 处受水平力 F_1 和铅垂力 F_2 作用,如图所示。已知各杆材料均为线弹性,其弹性模量为 E。试按卡氏第一定理求结点 G 的水平位移 Δ_{Gx} 和铅垂位移 Δ_{Gy}。

3-17　由同一材料制成的三杆铰接成超静定桁架,并在结点 A 承受铅垂荷载 F 作用,如图所示。已知三杆的横截面面积均为 A,材料为非线性弹性,σ-ε 关系为 $\sigma = K\varepsilon^{1/n}$,且 $n>1$,试

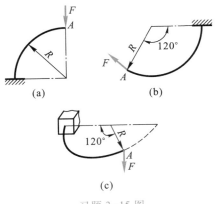

(a)   (b)

(c)

习题 3-15 图

用卡氏第一定理计算各杆的轴力。

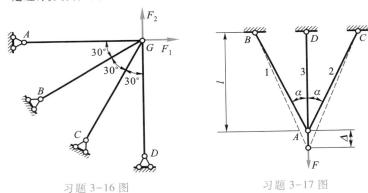

习题 3-16 图   习题 3-17 图

﹡3-18 材料为线弹性,弯曲刚度为 EI 的各梁及其承载情况分别如图所示,不计剪力的影响,试用单位力法求各梁截面 A 的挠度和转角,以及截面 C 的挠度。

﹡3-19 材料为线弹性,拉压刚度为 EA 的杆系及其承载情况分别如图 a 和 b 所示,试用单位力法求下列指定位移:

图 a:结点 A、B 间和结点 C、D 间的相对位移;

图 b:结点 B 的水平位移和结点 C 的铅垂位移。

﹡3-20 弯曲刚度为 EI,扭转刚度为 GI_p 的圆截面刚架及其承载情况分别如图所示,不计轴力和剪力的影响,试用单位力法求下列指定位移:

图 a:截面 D 的线位移和角位移;

图 b:铰 C 处的铅垂位移和铰 B、C 间的相对位移;

图 c:截面 C 的铅垂位移和角位移。

﹡3-21 试用单位力法求解习题 3-15 各分题中截面 A 的水平位移、铅垂位移及转角。

﹡3-22 变截面梁及其承载情况分别如图 a、b 所示,梁材料为线弹性,弹性模量为 E,不计

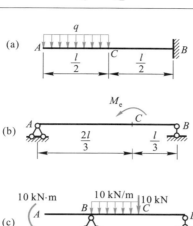

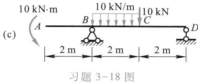

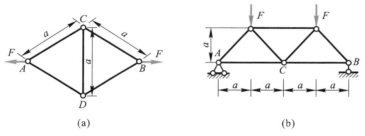

习题 3-18 图

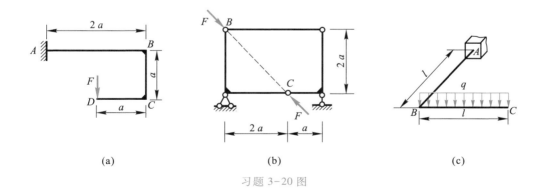

习题 3-19 图

习题 3-20 图

剪力的影响。试用单位力求求截面 B 处的挠度和截面 A 处的转角。

  *3-23　矩形截面($b \times h$)简支梁 AB,上表面温度为 t_1,下表面的温度由 t_1 升高至 t_2($t_2 >$

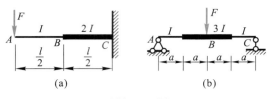

习题 3-22 图

t_1),且从上到下表面的温度按线性规律变化(如图所示)。设材料的线胀系数为 α_l,试用单位力法求端截面 A 的转角和跨中截面 C 的挠度。

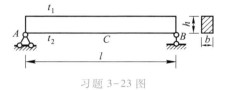

习题 3-23 图

*3-24　两材料和截面($b \times h$)均相同的悬臂梁 AC 和 CD,在 C 处以活动铰链相接,并在梁 AC 的跨中 B 处承受铅垂荷载 F 作用,如图所示。设材料可视为弹性-理想塑性,屈服极限为 σ_s。试用虚位移原理,求结构的极限荷载。

(提示:结构可能出现两种极限状态:截面 A 和 B 形成塑性铰,或截面 D 形成塑性铰。结构的极限荷载应取两者中的较小值。)

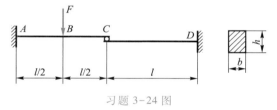

习题 3-24 图

*第四章 压杆稳定问题的进一步研究

§4-1 几种细长中心受压直杆临界力的欧拉公式

在《材料力学(I)》的第九章中,给出了几种典型的在理想支承约束条件下,等截面细长中心受压直杆临界力的欧拉公式。在工程实际中,杆端的实际支承约束情况往往不同于理想支承约束条件,如压杆的两端与其他杆件相焊接,则杆端不能自由转动,但又非完全不能转动,因而,既不能视作固定端,也不能视为光滑铰链。实际上是一种杆端弯矩与转角成正比的弹性约束,其比例系数和与之相连接的杆件的刚度有关。另外,工程中常采用阶梯状的变截面杆,既能提高压杆的临界力,又可节省材料。下面推导两种细长中心受压直杆临界力的欧拉公式。

4-1:
人物介绍
(欧拉)

I.杆端弹性支承下细长压杆的临界力

设一弯曲刚度为 EI 的中心受压等直杆,两端受到与其他杆件相连的弹性约束,沿水平方向不能移动,但端截面可有微小转动,且杆端弯矩与转角成正比,比例系数分别为 c_A 和 c_B(单位为 $kN \cdot mm/rad$),压杆的长度为 l ,如图 4-1a 所示。

压杆在临界力 F_{cr} 作用下,将在微弯形态下维持平衡,如图 4-1b 所示。支座约束力偶矩 M_A 和 M_B 与两端转角 w'_A 和 w'_B 的关系为

$$M_A = c_A(+w'_A), \quad M_B = c_B(-w'_B) \quad (a)$$

图 4-1b 所示的 M_A、M_B 均视为正值,由于 w'_A 为正值转角, w'_B 为负值转角,故有式(a)中所示的正负号。由平衡条件可知,两端的水平支座约束力值均为 $\dfrac{M_B - M_A}{l}$,其指向分别如

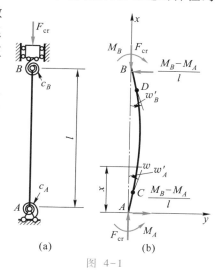

图 4-1

图 4-1b 所示。

由截面法可得,杆任意 x 横截面上的弯矩为

$$M(x) = F_{cr}w - M_A - (M_B - M_A)\frac{x}{l} \tag{b}$$

从而得压杆的挠曲线近似微分方程为

$$EIw'' = -M(x) = -F_{cr}w + M_A + (M_B - M_A)\frac{x}{l} \tag{c}$$

经化简并引进参数 $k^2 = F_{cr}/(EI)$ 后,即得

$$w'' + k^2w = k^2\left(\frac{M_A}{F_{cr}} + \frac{M_B - M_A}{F_{cr}}\frac{x}{l}\right) \tag{d}$$

微分方程式(d)的通解为

$$w = A\sin kx + B\cos kx + \frac{M_A}{F_{cr}} + \frac{M_B - M_A}{F_{cr}}\frac{x}{l} \tag{e}$$

其一阶导数为

$$w' = Ak\cos kx - Bk\sin kx + \frac{M_B - M_A}{F_{cr}l} \tag{f}$$

式中待定常数 A、B 和未知的 M_A、M_B 由边界条件确定。

由下支承 A 处的边界条件 $x = 0, w = 0, w' = \dfrac{M_A}{c_A}$,可得

$$B = -\frac{M_A}{F_{cr}}, \quad A = \frac{1}{k}\left[\frac{-(M_B - M_A)}{F_{cr}l} + \frac{M_A}{c_A}\right] \tag{g}$$

将 A、B 两常数代入式(e)、式(f)分别得

$$w = \frac{1}{k}\left(-\frac{M_B - M_A}{F_{cr}l} + \frac{M_A}{c_A}\right)\sin kx - \frac{M_A}{F_{cr}}\cos kx +$$
$$\frac{M_A}{F_{cr}} + \frac{M_B - M_A}{F_{cr}}\frac{x}{l} \tag{h}$$

和

$$w' = \left(-\frac{M_B - M_A}{F_{cr}l} + \frac{M_A}{c_A}\right)\cos kx + \frac{M_A}{F_{cr}}k\sin kx + \frac{M_B - M_A}{F_{cr}l} \tag{i}$$

再由上支承 B 处的边界条件 $x = l, w = 0, w' = -\dfrac{M_B}{c_B}$,由式(h)、式(i)分别得

$$\frac{1}{k}\left[-\frac{M_B - M_A}{F_{cr}l} + \frac{M_A}{c_A}\right]\sin kl - \frac{M_A}{F_{cr}}\cos kl + \frac{M_A}{F_{cr}} + \frac{M_B - M_A}{F_{cr}} = 0 \tag{j}$$

和

$$\left(-\frac{M_B - M_A}{F_{cr}l} + \frac{M_A}{c_A}\right)\cos kl + \frac{M_A}{F_{cr}}k\sin kl + \frac{M_B - M_A}{F_{cr}l} + \frac{M_B}{c_B} = 0 \tag{k}$$

以上两式可看作是 M_A、M_B 两未知量的线性代数方程组。经改写后得

$$\left[\left(\frac{1}{kl} + \frac{1}{kc_A/F_{cr}}\right)\sin kl - \cos kl\right]M_A + \left(1 - \frac{1}{kl}\sin kl\right)M_B = 0 \qquad (1)$$

$$\left[\left(\frac{1}{kl} + \frac{1}{kc_A/F_{cr}}\right)k\cos kl + k\sin kl - \frac{1}{l}\right]M_A + \left(\frac{1}{l} + \frac{1}{c_B/F_{cr}} - \frac{1}{l}\cos kl\right)M_B = 0$$

$$(m)$$

令 $kl = u$，$c_A/F_{cr} = \bar{c}_A$，$c_B/F_{cr} = \bar{c}_B$。为从以上两式中得到 M_A、M_B 的非零解，则以下行列式必须等于零

$$\begin{vmatrix} \left[\left(\frac{1}{u} + \frac{l}{u\bar{c}_A}\right)\sin u - \cos u\right] & \left(1 - \frac{1}{u}\sin u\right) \\ \left[\left(\frac{1}{u} + \frac{l}{u\bar{c}_A}\right)\frac{u}{l}\cos u + \frac{u}{l}\sin u - \frac{1}{l}\right] & \left(\frac{1}{l} + \frac{1}{\bar{c}_B} - \frac{1}{l}\cos u\right) \end{vmatrix} = 0 \qquad (n)$$

从而得到

$$\left[\left(\frac{1}{u} + \frac{l}{u\bar{c}_A}\right)\sin u - \cos u\right]\left(\frac{1}{l} + \frac{1}{\bar{c}_B} - \frac{1}{l}\cos u\right) -$$

$$\left(1 - \frac{1}{u}\sin u\right)\left[\left(\frac{1}{u} + \frac{l}{u\bar{c}_A}\right)\frac{u}{l}\cos u + \frac{u}{l}\sin u - \frac{1}{l}\right] = 0$$

经化简后即得

$$\left(\frac{1}{c_A} + \frac{1}{c_B}\right)\left(\frac{\sin u}{u} - \cos u\right) + \frac{l}{u\bar{c}_A\bar{c}_B}\sin u + \frac{1}{l}(2 - 2\cos u - u\sin u) = 0 \quad (o)$$

在每一具体情况下，根据 c_A、c_B，由式 (o) 解得 u 的最小非零解，再根据 $u = kl$，亦即

$$F_{cr} = \frac{u^2 EI}{l^2} \qquad (4-1)$$

将 u 的最小非零解代入，即可求出压杆临界力 F_{cr} 的欧拉公式。

利用式 (o) 可得某些支承情况下压杆临界力 F_{cr} 的欧拉公式。对于铰支端，相当于比例系数 $c = 0$；对于固定端，则相当于比例系数 $c = \infty$。具体运算建议读者自行完成。

若压杆两端为具有相同比例系数 ($c_A = c_B$) 的弹性支座，则式 (o) 可简化成

$$\left[\left(\frac{l}{\bar{c}_A} + \frac{l}{\bar{c}_B} + \frac{l}{\bar{c}_A}\frac{l}{\bar{c}_B}\right)\frac{1}{u} - u\right]\sin u - \left(\frac{l}{\bar{c}_A} + \frac{l}{\bar{c}_B} + 2\right)\cos u + 2 = 0$$

在 $\bar{c}_A = \bar{c}_B = l/10$ 这一特殊情况下，上式即成为

$$\left(120\frac{1}{u} - u\right)\sin u - 22\cos u + 2 = 0 \qquad (p)$$

解得

$$u = 3.88$$

从而得到在上述情况下压杆临界力 F_{cr} 的欧拉公式为

$$F_{cr} = \frac{3.88^2 EI}{l^2} = \frac{\pi^2 EI}{(0.81l)^2} \tag{4-2}$$

Ⅱ. 阶梯状细长压杆的临界力

设一两端为球铰支承的阶梯状细长中心受压直杆,在中间 $l/2$ 部分的弯曲刚度为 $2EI$,两端部分的弯曲刚度为 EI,如图 4-2a 所示。压杆在临界力 F_{cr} 作用下,将在微弯形态下维持平衡(图 4-2b),其挠曲线由 AD、DE、EB 三段组成。由挠曲线光滑连续条件可知,在相邻两段挠曲线的交界处,挠度和转角分别相等。此外,由杆的支座和受力的对称性可知,挠曲线也是对称的,故杆中点 C 处的切线应与 x 轴平行。

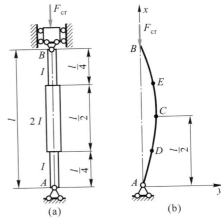

图 4-2

杆任意 x 横截面上的弯矩为

$$M(x) = F_{cr}w \tag{a}$$

在 AD 段($0 \le x \le l/4$)内,挠曲线近似微分方程为

$$EIw_1'' = -F_{cr}w_1 \tag{b}$$

令 $k_1^2 = F_{cr}/(EI)$,上式可改写为

$$w_1'' + k_1^2 w_1 = 0 \tag{c}$$

微分方程式(c)的通解为

$$w_1 = A_1 \sin k_1 x + B_1 \cos k_1 x \quad (0 \le x \le l/4) \tag{d}$$

其一阶导数为

$$w_1' = A_1 k_1 \cos k_1 x - B_1 k_1 \sin k_1 x \tag{e}$$

同理,在 DC 段($l/4 \le x \le l/2$)内,挠曲线近似微分方程为

$$2EIw_2'' = -F_{cr}w_2 \tag{f}$$

令 $k_2^2 = F_{cr}/(2EI) = k_1^2/2$,上式可改写为

$$w_2'' + k_2^2 w_2 = 0 \tag{g}$$

其通解为

$$w_2 = A_2 \sin k_2 x + B_2 \cos k_2 x \quad \left(\frac{l}{4} \leqslant x \leqslant \frac{l}{2} \right) \tag{h}$$

其一阶导数为

$$w_2' = A_2 k_2 \cos k_2 x - B_2 k_2 \sin k_2 x \tag{i}$$

由支承条件 $x = 0, w_1 = 0$，可得 $B_1 = 0$。于是，由式（d）、式（e）可分别得

$$w_1 = A_1 \sin k_1 x \tag{j}$$

和

$$w_1' = A_1 k_1 \cos k_1 x \tag{k}$$

由 $x = l/4$（即 D 点）处两段挠曲线的光滑连续条件 $w_1 = w_2, w_1' = w_2'$，可从式（h）、式（j）和式（i）、式（k）分别得

$$A_1 \sin(k_1 l/4) = A_2 \sin(k_2 l/4) + B_2 \cos(k_2 l/4) \tag{l}$$

和

$$A_1 k_1 \cos(k_1 l/4) = A_2 k_2 \cos(k_2 l/4) - B_2 k_2 \sin(k_2 l/4) \tag{m}$$

由式（i）及 $x = l/2$（即 C 点）处 $w_2' = 0$，可得

$$A_2 k_2 \cos(k_2 l/2) - B_2 k_2 \sin(k_2 l/2) = 0$$

由此得

$$A_2 = B_2 \tan(k_2 l/2) \tag{n}$$

将 A_2 代入式（l）、式（m），并将 k_1 用 $\sqrt{2} k_2$ 代替，将 $k_2 l$ 用 u 表示，即得

$$A_1 \sin \frac{\sqrt{2} u}{4} = B_2 \left(\tan \frac{u}{2} \sin \frac{u}{4} + \cos \frac{u}{4} \right) \tag{o}$$

$$A_1 \sqrt{2} k_2 \cos \frac{\sqrt{2} u}{4} = B_2 k_2 \left(\tan \frac{u}{2} \cos \frac{u}{4} - \sin \frac{u}{4} \right) \tag{p}$$

利用 $\sin(\alpha-\beta)$ 和 $\cos(\alpha-\beta)$ 的三角函数关系，将式（o）、式（p）两式简化为

$$A_1 \sin \frac{\sqrt{2} u}{4} = B_2 \frac{\cos \dfrac{u}{4}}{\cos \dfrac{u}{2}} \tag{q}$$

$$A_1 \sqrt{2} k_2 \cos \frac{\sqrt{2} u}{4} = B_2 k_2 \frac{\sin \dfrac{u}{4}}{\cos \dfrac{u}{2}} \tag{r}$$

将式（q）、式（r）两式相除，即得

$$\tan \frac{\sqrt{2} u}{4} \tan \frac{u}{4} = \sqrt{2} \tag{s}$$

求解式（s），可得 u 的最小解为

$$u = 2.875\ 5 = 0.915\ 3\pi$$

于是可得压杆临界力 F_{cr} 的欧拉公式为

$$F_{cr} = \frac{(0.915\ 3\pi)^2 2EI}{l^2} = \frac{1.675\ 5\pi^2 EI}{l^2} \qquad (4-3)$$

由此可见,该压杆与中间部分横截面未增大的压杆相比,临界力增大了 68%,而与全杆弯曲刚度均为 $2EI$ 的等截面压杆相比,则临界力仅小 16%。显然,阶梯状变截面压杆较为节约材料。

例题 4-1　一下端固定、上端自由,杆长为 l,并在自由端承受轴向压力作用的阶梯状细长直杆,如图 a 所示。杆在临界力 F_{cr} 作用下将在 xy 平面内维持微弯形态下的平衡状态(图 b)。杆的弯曲刚度在 CB 段为 $EI/2$,而在 AC 段为 EI。试求压杆临界力 F_{cr} 的欧拉公式。

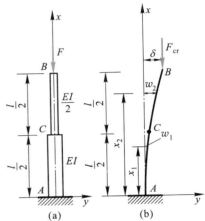

例题 4-1 图

解:当压杆在微弯形态下维持平衡状态时,其挠曲线由 AC 和 CB 两段组成,如图 b 所示。

对于 AC 段($0 \leqslant x_1 \leqslant l/2$),在任意 x_1 截面上的弯矩为

$$M(x_1) = -F_{cr}(\delta - w_1) \qquad (1)$$

于是,其挠曲线近似微分方程为

$$EIw_1'' = -M(x_1) = F_{cr}(\delta - w_1) \qquad (2)$$

令 $k_1^2 = \dfrac{F_{cr}}{EI}$,上式可改写为

$$w_1'' + k_1^2 w_1 = k_1^2 \delta \qquad (3)$$

微分方程式(3)的通解为

$$w_1 = A_1 \sin k_1 x_1 + B_1 \cos k_1 x_1 + \delta \qquad (4)$$

其一阶导数为

$$w_1' = A_1 k_1 \cos k_1 x_1 - B_1 k_1 \sin k_1 x_1 \qquad (5)$$

由边界条件

$$x_1 = 0, \quad w_1 = 0$$

可得

$$B_1 = -\delta$$

又由边界条件

$$x_1 = 0, \quad w_1' = 0$$

可得

$$A_1 = 0$$

于是,由式(4)、式(5)分别得

$$w_1 = \delta(1 - \cos k_1 x_1) \tag{6}$$

和

$$w_1' = k_1 \delta \sin k_1 x_1 \tag{7}$$

同理,在 CB 段($l/2 \leqslant x_2 \leqslant l$),挠曲线近似微分方程为

$$\frac{EI}{2} w_2'' = F_{cr}(\delta - w_2) \tag{8}$$

令

$$k_2^2 = \frac{F_{cr}}{EI/2} = \frac{2F_{cr}}{EI} = 2k_1^2$$

于是,上式可改写为

$$w_2'' + k_2^2 w_2 = k_2^2 \delta \tag{9}$$

微分方程式(9)的通解为

$$w_2 = A_2 \sin k_2 x_2 + B_2 \cos k_2 x_2 + \delta \tag{10}$$

其一阶导数为

$$w_2' = A_2 k_2 \cos k_2 x_2 - B_2 k_2 \sin k_2 x_2 \tag{11}$$

由边界条件 $x_2 = l, w_2 = \delta$,代入式(10)可得

$$\delta = A_2 \sin k_2 l + B_2 \cos k_2 l + \delta$$

或

$$A_2 \sin k_2 l + B_2 \cos k_2 l = 0 \tag{12}$$

由 $x_1 = x_2 = l/2$(即 C 点)处 $w_1 = w_2, w_1' = w_2'$,并注意到 $k_1 = k_2/\sqrt{2}$,则从式(6)、式(10)和式(7)、式(11)分别可得

$$\delta\left(1 - \cos\frac{k_2}{\sqrt{2}}\frac{l}{2}\right) = A_2 \sin\frac{k_2 l}{2} + B_2 \cos\frac{k_2 l}{2} + \delta$$

或

$$A_2 \sin\frac{k_2 l}{2} + B_2 \cos\frac{k_2 l}{2} + \delta\cos\frac{k_2 l}{2\sqrt{2}} = 0 \tag{13}$$

和

$$\delta\frac{k_2}{\sqrt{2}}\sin\frac{k_2 l}{2\sqrt{2}} = A_2 k_2 \cos\frac{k_2 l}{2} - B_2 k_2 \sin\frac{k_2 l}{2}$$

或

$$A_2 k_2 \cos \frac{k_2 l}{2} - B_2 k_2 \sin \frac{k_2 l}{2} - \delta \frac{k_2}{\sqrt{2}} \sin \frac{k_2 l}{2\sqrt{2}} = 0 \tag{14}$$

为从式(12)、式(13)、式(14)三式中得到 A_2、B_2、δ 的非零解,以下行列式必须等于零

$$\begin{vmatrix} \sin k_2 l & \cos k_2 l & 0 \\ \sin \dfrac{k_2 l}{2} & \cos \dfrac{k_2 l}{2} & \cos \dfrac{k_2 l}{2\sqrt{2}} \\ k_2 \cos \dfrac{k_2 l}{2} & -k_2 \sin \dfrac{k_2 l}{2} & -\dfrac{k_2}{\sqrt{2}} \sin \dfrac{k_2 l}{2\sqrt{2}} \end{vmatrix} = 0 \tag{15}$$

从而得到

$$\left(-\frac{k_2}{\sqrt{2}} \sin k_2 l \cos \frac{k_2 l}{2} \sin \frac{k_2 l}{2\sqrt{2}} + k_2 \cos k_2 l \cos \frac{k_2 l}{2} \cos \frac{k_2 l}{2\sqrt{2}} \right) -$$

$$\left(-k_2 \sin k_2 l \sin \frac{k_2 l}{2} \cos \frac{k_2 l}{2\sqrt{2}} - \right.$$

$$\left. \frac{k_2}{\sqrt{2}} \sin \frac{k_2 l}{2} \cos k_2 l \sin \frac{k_2 l}{2\sqrt{2}} \right) = 0$$

整理后得

$$\frac{\sqrt{2}}{2} \sin \frac{k_2 l}{2\sqrt{2}} \left(\sin k_2 l \cos \frac{k_2 l}{2} - \cos k_2 l \sin \frac{k_2 l}{2} \right)$$

$$= \cos \frac{k_2 l}{2\sqrt{2}} \left(\cos k_2 l \cos \frac{k_2 l}{2} + \sin k_2 l \sin \frac{k_2 l}{2} \right)$$

即

$$\frac{\sqrt{2}}{2} \tan \frac{k_2 l}{2\sqrt{2}} = \frac{1}{\tan\left(k_2 l - \dfrac{k_2 l}{2} \right)} = \frac{1}{\tan \dfrac{k_2 l}{2}}$$

$$\tan \frac{k_2 l}{2\sqrt{2}} \tan \frac{k_2 l}{2} = \sqrt{2} \tag{16}$$

由此解得[①]

$$k_2 l = 2.03$$

于是,由 $k_2^2 = \dfrac{2F_{cr}}{EI}$ 可得该压杆的临界力 F_{cr} 的欧拉公式为

$$F_{cr} = 0.209 \, \frac{\pi^2 EI}{l^2}$$

实际上,本例中压杆在临界力作用下挠曲线的形状相当于图 4-2b 中挠曲线的一半(如 CA 段)。因此,由挠曲线形状的比拟,在式(4-3)中的 l 用 $2l$、I 用 $I/2$ 代替,即可得临界力

$$F_{cr} = \frac{1.675\,5\pi^2 E(I/2)}{(2l)^2} = 0.209 \, \frac{\pi^2 EI}{l^2}$$

§4-2　大柔度杆在小偏心距下的偏心压缩计算

在组合变形的讨论中曾经指出,直杆受偏心压力作用时,仅在杆的弯曲刚度很大、不计偏心压力引起的附加弯矩时,才可按叠加原理计算杆横截面上的最大正应力。若杆的弯曲刚度较小,叠加原理就不再适用。本节将讨论弯曲刚度较小的大柔度杆在小偏心距下的偏心压缩问题。

图 4-3 示一两端球铰支承的大柔度杆在偏心距为 e 的压力 F 作用下的挠曲线形状。xy 平面为杆的对称平面,轴向偏心压力 F 作用在 xy 平面内,杆在该平面内的弯曲刚度为 EI_z。当杆受偏心压力 F 作用而弯曲时,其任一横截面 x 处的挠度为 w,于是,该截面上的弯矩为

$$M(x) = F(e + w) \tag{a}$$

于是,可得杆的挠曲线近似微分方程为

$$EI_z w'' = -M(x) = -F(e + w) \tag{b}$$

将式(b)在左、右两端除以 EI_z,并令

$$\frac{F}{EI_z} = k^2 \tag{c}$$

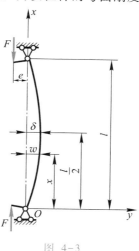

图 4-3

---

① 求解该式可令 $k_2 l/2 = u$,然后由三角函数表求得 u 的最小解为 $u = 1.016\,65$,从而解得(取三位有效数字)$k_2 l = 2.03$。

则式(b)可改写为

$$w'' + k^2w = -k^2e \tag{d}$$

上式为二阶常系数非齐次微分方程,其通解为

$$w = A\sin kx + B\cos kx - e \tag{e}$$

根据挠曲线的边界条件 $x=0, w=0$ 和 $x=l, w=0$,由式(e)可确定 A、B 两常数为

$$B = e, \quad A = \frac{e(1-\cos kl)}{\sin kl} = e\tan\frac{kl}{2} \tag{f}$$

故得压杆在偏心压力 F 作用下的挠曲线方程为

$$w = e\left(\tan\frac{kl}{2}\sin kx + \cos kx - 1\right) \tag{g}$$

由图 4-3 可见,最大挠度 δ 发生在杆的中点($x=l/2$)处。将 $x=l/2$ 代入式(g),可得最大挠度 δ 的表达式为

$$\delta = w\big|_{x=l/2} = e\left(\sec\frac{kl}{2} - 1\right) \tag{4-4}$$

由式(a)可知,压杆在偏心压力作用下,最大弯矩 $M_{\max}$ 将发生在挠度 w 为最大($x=l/2$)的横截面上。将最大挠度 δ 代替式(a)中的 w,即得最大弯矩 $M_{\max}$ 为

$$M_{\max} = F(e + \delta) = Fe\sec\frac{kl}{2} \tag{4-5}$$

杆内最大压应力 $\sigma_{c,\max}$ 将发生在杆中间横截面上的凹侧边缘处,其值为

$$\sigma_{c,\max} = \frac{F}{A} + \frac{Fe}{W_z}\sec\frac{kl}{2} \tag{4-6}$$

式中,F 用正值,算得的是最大压应力的数值;A 和 W_z 分别代表压杆横截面的面积及其对 z 轴的弯曲截面系数。

由式(4-4)、式(4-5)和式(4-6)各式可见,该杆的中点挠度、最大弯矩及最大压应力均与压力 F 呈非线性关系,因而叠加原理不再适用。但若杆的弯曲刚度 EI_z 非常大,亦即杆为小柔度时,则

$$\frac{kl}{2} = \sqrt{\frac{F/4}{EI_z/l^2}}$$

将趋向于零,相应地,$\sec(kl/2)$ 趋向于1。即对弯曲刚度很大的直杆,当其受偏心压力作用时,就可按叠加原理进行计算。

当给定偏心距 $e=e_1, e=e_2, e=e_3$ 以后,就可分别按式(4-4)算出一系列 δ 与 F 的对应值,从而绘出一组不同偏心距下的 F-δ 曲线,如图 4-4 所示。

将式(4-4)改写为

$$\sec\frac{kl}{2} = \left(\frac{\delta}{e} + 1\right) \tag{h}$$

当 $e \rightarrow 0$ 时，若 $\sec(kl/2)$ 不趋于无限大，则必有 $\delta = 0$；而若 $\sec(kl/2)$ 趋于无限大，δ 就可以为任意值。$\sec(kl/2)$ 趋向于无限大时，$kl/2$ 的最小值为

$$\frac{kl}{2} = \frac{\pi}{2} \tag{i}$$

从而得到

$$k = \sqrt{\frac{F}{EI_z}} = \frac{\pi}{l} \tag{j}$$

即

$$F = \frac{\pi^2 EI_z}{l^2} \tag{k}$$

根据以上分析结果，$e \rightarrow 0$ 时的 $F\text{-}\delta$ 关系曲线为图 4-4 中的折线 OAB。对于 $e \neq 0$ 的情况，由式（h）可见，当 $\delta \rightarrow \infty$ 时，$\sec(kl/2) \rightarrow \infty$，即 $F \rightarrow \pi^2 EI_z/l^2$，故图 4-4 中偏心距不等于零的一组 $F\text{-}\delta$ 关系曲线均以 $F = \pi^2 EI_z/l^2$ 的水平直线为渐近线。显然，式（k）所示荷载与两端铰支细长中心受压直杆的临界力 F_{cr} 表达式完全一致。因为受偏心压力作用的大柔度杆当偏心距趋于零时，即为细长的中心受压直杆的力学模型。

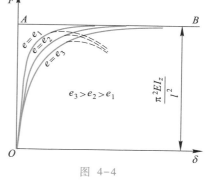

图 4-4

必须指出，以上的理论分析和图示结果均假设材料在线弹性范围内，并以挠曲线近似微分方程为依据。事实上，在压杆中点处的挠度 δ 增大到一定值后，该截面上绝大部分压应力将达到材料的屈服极限，压杆就不可能再承受更大的压力了。对这类受偏心压力作用的压杆进行实验时，将会发现压杆在中点处发生弯折的压溃现象，相应的 $F\text{-}\delta$ 曲线则将如图 4-4 中的虚线所示。由此可见，具有初始偏心距或初曲率的压杆，其承载能力必然低于中心受压直杆的临界力 F_{cr} 值，而且初始偏心率和初曲率越大，压杆的承载能力越低。因此，中心受压直杆在失稳时的临界力 F_{cr}，只能看作是实际压杆承载能力的一个上限值。

以上讨论限于在小偏心距下的偏心压缩计算，当偏心距很大时，则一开始就以弯曲变形为主，这类压杆的承载能力计算应与纯弯曲梁的相仿。

§4-3 纵横弯曲

工程中有些梁除承受横向力外，同时还受轴向压力作用；也有些压杆除承受

轴向压力外,还受到横向力(如风荷载、地震力等)作用。对于弯曲刚度很大的杆件,由于弯曲变形微小,因轴向力而引起的弯曲应力和变形可略去不计,而可按叠加原理计算其总应力。当杆的弯曲刚度不大时,就需要考虑由轴向力引起的附加弯矩,也即杆件的弯曲变形是由横向力和轴(纵)向力共同引起的。这时,虽材料仍处于弹性范围,但外力与变形间不再呈线性关系,而不能应用叠加原理。这类问题,称为纵横弯曲。

现以承受均布荷载和轴向压力共同作用下的简支梁(图4-5)为例,来说明纵横弯曲问题的解法。

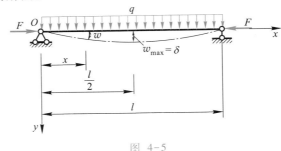

图 4-5

在均布荷载 q 和轴向压力 F 的共同作用下,梁任意 x 截面上的弯矩为

$$M(x) = \frac{ql}{2}x - \frac{q}{2}x^2 + Fw \qquad (a)$$

于是,挠曲线的近似微分方程为

$$EI_z w'' = -M(x) = -Fw - \frac{ql}{2}x + \frac{q}{2}x^2 \qquad (b)$$

经整理后并引进参数 $k^2 = F/(EI_z)$(注意本参数 k 与前面讨论压杆稳定时的参数 $k^2 = F_{cr}/(EI_z)$ 不同),即得

$$w'' + k^2 w = \frac{k^2}{F}\left(-\frac{ql}{2}x + \frac{q}{2}x^2\right) \qquad (c)$$

上式为二阶常系数非齐次微分方程,其通解为

$$w = A\sin kx + B\cos kx - \frac{ql}{2F}x + \frac{q}{2F}x^2 - \frac{EI_z}{F^2}q \qquad (d)$$

由挠曲线的边界条件 $x=0, w=0$ 和 $x=l, w=0$ 求得常数 A 和 B 分别为

$$A = -\frac{EI_z}{F^2}q\left(\frac{\cos kl - 1}{\sin kl}\right), \quad B = \frac{EI_z}{F^2}q \qquad (e)$$

再取参数 $u = kl/2$,则上式中

$$\frac{\cos kl - 1}{\sin kl} = \frac{\cos 2u - 1}{\sin 2u} = -\tan u$$

于是,常数 A 可写为

$$A = \frac{EI_z}{F^2} q \tan u \qquad\qquad (f)$$

将 A、B 两常数代入式(d),经整理后即得梁的挠曲线方程为

$$w = \frac{EI_z}{F^2} q (\tan u \sin kx + \cos kx - 1) - \frac{q}{2F}(lx - x^2) \qquad (g)$$

由于梁的支承和荷载均对称于梁跨中点,因此梁的最大挠度发生在梁跨中点处。将 $x = l/2$ 代入式(g),即得最大挠度为

$$\delta = w_{\max} = w\big|_{x=l/2} = \frac{EI_z}{F^2} q (\tan u \sin u + \cos u - 1) - \frac{ql^2}{8F}$$

$$= \frac{q}{k^4 EI_z} (\sec u - 1) - \frac{ql^2}{8k^2 EI_z}$$

将 $k = 2u/l$ 代入上式,经化简后得

$$\delta = w_{\max} = \frac{5ql^4}{384EI_z}\left[\frac{24}{5}\frac{\left(\sec u - 1 - \dfrac{u^2}{2}\right)}{u^4}\right] \qquad (4-7)$$

上式中,当 $u^2 < \pi^2/4$ 时,$\sec u$ 可展开为级数

$$\sec u = 1 + \frac{u^2}{2} + \frac{5}{24}u^4 + \frac{61}{720}u^6 + \cdots$$

由此,可得

$$\delta = w_{\max} = \frac{5ql^4}{384EI_z}\left(1 + \frac{12.2}{30}u^2 + \cdots\right) \qquad (h)$$

当轴向力等于零时,$u = 0$,即得

$$\delta = w_{\max} = \frac{5ql^4}{384EI_z} \qquad\qquad (i)$$

上式即为简支梁受均布荷载作用时的中点挠度。

在纵横弯曲情况下,为防止梁在垂直于横力弯曲平面的 xz 平面内失稳,F 值不得超过简支梁承受两端轴向压力时的临界力 $F \leqslant \dfrac{\pi^2 EI_y}{l^2}$。由于一般梁截面的 I_y 远小于 I_z,若引进参数 $\overline{F}_{cr} = \pi^2 EI_z/l^2$,则显然 $F/\overline{F}_{cr}$ 是个较小的数,一般不超过 10%。现以 $F/\overline{F}_{cr}$ 为参数来研究式(h)右端括号中的第二项 $\dfrac{12.2}{30}u^2$。将 $u = \dfrac{kl}{2}$ 和 $k = \sqrt{\dfrac{F}{EI_z}}$ 代入该式,得

$$\frac{12.2}{30}u^2 = \frac{12.2}{30}\frac{Fl^2}{4EI_z} \approx \frac{F}{\pi^2 EI_z/l^2} = \frac{F}{\overline{F}_{cr}}$$

又因 $\dfrac{F}{\overline{F}_{cr}}$ 不超过 10%，于是，$1+\dfrac{F}{\overline{F}_{cr}} \approx \dfrac{1}{1-F/\overline{F}_{cr}}$，从而可将式（h）改写为

$$\delta = w_{max} \approx \frac{5ql^4}{384EI_z}\frac{1}{1-F/\overline{F}_{cr}} \tag{j}$$

应该注意，式中的 $\overline{F}_{cr}$ 只是为了表达方便而引用的一个参数，而并不是临界力。

由 δ 的精确公式（4-7）可看出，δ 与轴向力 F 间的关系是非线性的，但与横向力 q 之间的关系则仍是线性的，即在轴向力 F 值不变的情况下，计算横向力引起的位移仍可应用叠加原理。

得到挠曲线方程式（g）后，将其代入式（a），可得弯矩 $M(x)$ 的表达式为

$$\begin{aligned}
M(x) &= \frac{ql}{2}x - \frac{q}{2}x^2 + \frac{EI_z}{F}q(\tan u \sin kx + \cos kx - 1) - \\
&\quad \left(\frac{ql}{2}x - \frac{q}{2}x^2\right) \\
&= \frac{EI_z}{F}q(\tan u \sin kx + \cos kx - 1) \\
&= \frac{ql^2}{4u^2}(\tan u \sin kx + \cos kx - 1) \\
&= \frac{ql^2}{8}\frac{2(\tan u \sin kx + \cos kx - 1)}{u^2}
\end{aligned} \tag{k}$$

由支承和荷载的对称条件可知，最大弯矩应发生在 $x = l/2$ 的横截面上。将 $x = l/2$ 代入式（k），并引用 $kl/2 = u$，经化简后，可得

$$M_{max} = M\big|_{x=l/2} = \frac{ql^2}{8}\frac{2(\sec u - 1)}{u^2} \tag{4-8}$$

上式也可以直接将式（4-7）中的 w_{max} 代入式（a），并令 $x = l/2$ 求得。若将 w_{max} 的近似表达式（j）代入式（a），并令 $x = l/2$，则得 M_{max} 的近似表达式为

$$\begin{aligned}
M_{max} &= \frac{ql^2}{8} + \frac{5ql^4}{384EI_z}\frac{F}{1-F/\overline{F}_{cr}} \\
&= \frac{ql^2}{8}\left(1 + \frac{5\pi^2}{48\pi^2 EI_z/l^2}\frac{F}{1-F/\overline{F}_{cr}}\right)
\end{aligned}$$

$$= \frac{ql^2}{8}\left(1 + \frac{1.028F/\overline{F}_{cr}}{1 - F/\overline{F}_{cr}}\right) \tag{1}$$

在 $F/\overline{F}_{cr} = 1/10$ 时,上式括号中的第二项等于 0.114,即 M_{max} 比仅横向荷载时增加 11.4%。可见,纵向力 F 的作用不仅使横截面上出现轴向压缩的均匀压应力,且使弯曲正应力有所增加。但若杆件的弯曲刚度很大,则其 $\overline{F}_{cr}$ 值远比轴向力 F 的数值为大时,如 $F/\overline{F}_{cr} = 1/100$ 时,式(1)右端括号中的第二项仅在 1% 左右,故可将其略去不计,也即可按杆件原始尺寸、应用叠加原理来进行内力和应力的计算。

最后还应指出,以上分析仅限于对杆件在 xy 平面内的弯曲变形。一般情况下,杆件在 xz 平面内的弯曲刚度很小,因此还应检查在轴向压力 F 作用下,杆件在 xz 平面内的稳定性。

例题 4-2 空心圆截面简支梁受轴向压力 F 及横向力 F_1 共同作用,如图所示。已知 $F = 60$ kN,$F_1 = 5$ kN,$D = 100$ mm,$d = 80$ mm,$E = 200$ GPa。试计算梁的最大正应力。

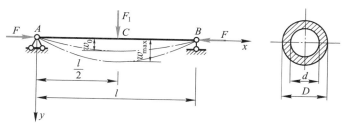

例题 4-2 图

解:梁在轴向压力及横向力的共同作用下,由对称性可知,梁弯曲后的挠曲线必然是一条正弦曲线,在梁的跨中挠度最大,A、B 支座处的挠度等于零。由式(1)可知,梁跨中截面上的最大弯矩可写成

$$M_{max} = M_0 + Fw_0\left(\frac{1}{1 - F/\overline{F}_{cr}}\right) \tag{1}$$

式中,M_0 为 $F = 0$ 时横向力所引起的梁跨中截面的弯矩;w_0 为 $F = 0$ 时横向力所引起的梁跨中截面的挠度;$\overline{F}_{cr}$ 为 $F_1 = 0$ 时轴向力 F 作用下梁在 xy 平面内失稳的欧拉临界力;括号内的值则表示由轴向压力 F 对梁弯曲变形的影响。

对于本题,有

$$M_0 = \frac{F_1 l}{4}, \quad w_0 = \frac{F_1 l^3}{48EI_z}, \quad \overline{F}_{cr} = \frac{\pi^2 EI_z}{(\mu l)^2}, \quad \mu = 1$$

梁弯曲变形后,跨中截面上的最大压应力为

$$\sigma_{max} = \frac{F}{A} + \frac{M_0}{W_z} + \frac{F w_0}{W_z} \left(\frac{1}{1 - F/\overline{F}_{cr}} \right) \tag{2}$$

梁横截面的几何性质为

$$A = \frac{\pi}{4}(D^2 - d^2) = \frac{\pi}{4} \times [(0.1\,\mathrm{m})^2 - (0.08\,\mathrm{m})^2] = 28.3 \times 10^{-4}\,\mathrm{m}^2$$

$$I_z = \frac{\pi}{64}(D^4 - d^2) = \frac{\pi}{64} \times [(0.1\,\mathrm{m})^4 - (0.08\,\mathrm{m})^4] = 289.8 \times 10^{-8}\,\mathrm{m}^4$$

$$W_z = \frac{\pi D^3}{32}\left[1 - \left(\frac{d}{D}\right)^4\right] = \frac{\pi \times (0.1\,\mathrm{m})^3}{32} \times \left[1 - \left(\frac{0.08\,\mathrm{m}}{0.1\,\mathrm{m}}\right)^4\right]$$
$$= 57.96 \times 10^{-6}\,\mathrm{m}^3$$

相应的 M_0、w_0、$\overline{F}_{cr}$ 以及 $\dfrac{F}{F_{cr}}$ 值为

$$M_0 = \frac{F_1 l}{4} = \frac{(5 \times 10^3\,\mathrm{N}) \times (5\,\mathrm{m})}{4} = 6.25 \times 10^3\,\mathrm{N \cdot m}$$

$$w_0 = \frac{F_1 l^3}{48EI_z} = \frac{(5 \times 10^3\,\mathrm{N}) \times (5\,\mathrm{m})^3}{48 \times (200 \times 10^9\,\mathrm{Pa}) \times (289.8 \times 10^{-8}\,\mathrm{m}^4)}$$
$$= 0.022\,5\,\mathrm{m}$$

$$\overline{F}_{cr} = \frac{\pi^2 EI_z}{(\mu l)^2} = \frac{\pi^2 \times (200 \times 10^9\,\mathrm{Pa}) \times (289.8 \times 10^{-8}\,\mathrm{m}^4)}{(1 \times 5\,\mathrm{m})^2}$$
$$= 228.8 \times 10^3\,\mathrm{N}$$

$$\frac{F}{F_{cr}} = \frac{60 \times 10^3\,\mathrm{N}}{228.8 \times 10^3\,\mathrm{N}} = 0.262$$

将以上各值代入式(2),即得梁的最大压应力为

$$\sigma_{max} = \frac{60 \times 10^3\,\mathrm{N}}{28.3 \times 10^{-4}\,\mathrm{m}^2} + \frac{6.25 \times 10^3\,\mathrm{N \cdot m}}{57.96 \times 10^{-6}\,\mathrm{m}^3} + \frac{(60 \times 10^3\,\mathrm{N}) \times (225 \times 10^{-4}\,\mathrm{m})}{57.96 \times 10^{-6}\,\mathrm{m}^3} \times$$
$$\left(\frac{1}{1 - 0.262} \right) = 160.6 \times 10^6\,\mathrm{Pa} = 160.6\,\mathrm{MPa}$$

§4-4   其他弹性稳定问题简介

前面各节介绍了压杆的稳定性问题。本节将简略地介绍其他变形形式下弹

性构件(如梁、板、壳、拱等)的稳定性问题,并直接给出其临界应力的表达式。关于这类问题的详细资料可查阅有关手册①。

弹性构件在外力作用下都将发生变形,而变形有主要与次要之分。依据所研究的问题,对弹性构件的变形进行分析,确定其主要变形后,从实际的结构中抽象出进行理论分析的力学模型。抽象的力学模型与实际构件之间的差异,则应是实际构件的次要变形。对于有些构件,如具有荷载偏心或杆轴初曲率的拉杆,在荷载作用下的次要的弯曲变形,将随着荷载的增大而逐渐减小,其主要变形始终占主导地位。因此,其初始的平衡形态就是稳定的平衡形态,并不存在失稳问题。而对压杆,其次要的弯曲变形则随着压力的增大而加速增长,最后将会导致丧失其正常工作能力,出现平衡形态的稳定性问题。按中心受压直杆的力学模型所得到的临界力,虽与实际压杆的承载能力间有差异,且偏高一些,但仍不失为工程计算的依据。根据压杆稳定性分析的思路,可较为清楚地理解其他弹性构件的力学模型失稳的概念,并理解其临界力与某些刚度参数有关的原因。

Ⅰ. 梁的弹性稳定问题

以狭长矩形截面梁为例,说明梁的失稳问题及其临界力的计算公式。设有一端固定、另一端自由的狭长矩形截面梁,在自由端受集中力作用,其作用线与梁横截面的长边平行(图 4-6a)。由于梁的轴线可能存在初曲率,力作用线也可能与横截面的铅垂对称轴存在偏差,所以梁在受力后除了在 xy 平面内发生弯曲(主要变形)外,还会在 xz 平面内发生弯曲(由实际外力沿 z 方向的微小分量 F_z 所引起)和绕 x 轴的扭转(由实际外力对梁横截面形心的偏离而产生的力偶矩 Fe 所引起)。后两种变形在外力 F 不大时均属于次要变形,因为此时力 F 的分量 F_z 和附加力偶矩 Fe 都很小,所引起的变形也极微小。但由于梁截面的扭转刚度 GI_t 和对 y 轴的弯曲刚度 EI_y 均远低于对 z 轴的弯曲刚度 EI_z,因此上述次要变形将随着外力的增大而加速增长,致使梁最后将因原来的次要变形过大而失去承载能力。悬臂梁的力学模型在临界力 F_{cr} 作用下,原来在 xy 平面内的平衡形态将丧失稳定性,而将在如图 4-6b 中实线所示的位置维持平衡(图 4-6c 中的虚线和实线分别表示端面 A 发生位移前、后的位置)。在弹性范围内,临界力 F_{cr} 的表达式为

$$F_{cr} = \frac{4.013\sqrt{EI_y GI_t}}{l^2} \qquad (4-9)$$

---

① 例如,Column Research Committee of Japan ed. Handbook of Structural Stability, 1971.

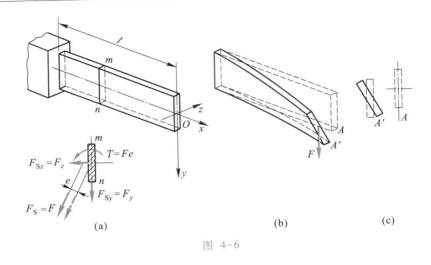

图 4-6

梁的弯曲刚度 EI_y 和扭转刚度 GI_t 越大,则在力 F 作用下梁在 xz 平面内的弯曲变形和绕 x 轴的扭转变形越小,就越不易丧失稳定。

Ⅱ. 薄平板的弹性稳定问题

以矩形薄平板在两端受均布压力作用(图 4-7)为例,扼要介绍薄平板的弹性稳定问题。由于实际的板不可能绝对平整,且沿板厚均布压力的合力也不可能恰好位于板厚度的中间平面内,故薄平板在受面内压力作用时,存在发生弯曲变形的可能性。当外加均布压力不大时,弯曲变形属于次要变形。但随着压力的增大,弯曲变形将加速增长。在四周简支的正方形或接近于正方形的矩形平板的力学模型中,当两端的压力增大到临界值时,薄平板在原来平面内的平衡形态将变成不稳定的,并过渡到凸出一个鼓包的微弯形态下的平衡。平板在弹性范围内每单位宽度的临界压力可按下式计算

$$p_{cr} = \frac{4\pi^2 D}{b^2} \qquad (4-10)$$

式中,$D = \dfrac{E\delta^3}{12(1-\nu^2)}$ 为单位宽度平板的弯曲刚度;b 为平板的宽度;δ 为平板的厚度(图 4-7)。由式(4-10)可见,薄平板在受板平面内的压力作用时,其单位宽度的临界压力 p_{cr} 取决于板的弯曲刚度,相仿于压杆的临界力 F_{cr} 与压杆的弯曲刚度成正比。平板的临界应力 σ_{cr} 等于每单位宽度的临界压力 p_{cr} 除以板厚 δ,即

$$\sigma_{cr} = \frac{4\pi^2 E\delta^2}{12(1-\nu^2)b^2} \qquad (4-11)$$

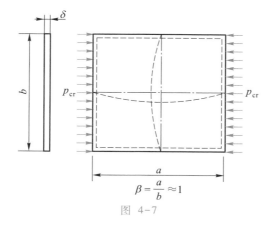

图 4-7

Ⅲ．薄壁圆柱筒壳的弹性稳定问题

以承受轴向压力的薄壁圆柱筒壳为例,介绍筒壳的失稳现象及其临界应力。薄壁圆柱筒壳在每单位周长的临界轴向压力 p_{cr} 作用下,壳壁将丧失原有的圆柱状平衡形态,而变成波纹状,如图 4-8 所示。图中虚线代表失稳前的筒壳。壳壁发生弹性失稳时临界应力 $\sigma_{cr}=\dfrac{p_{cr}}{\delta}$ (δ 为壳壁厚度)的表达式为

$$\sigma_{cr}=D\left(\frac{m^{2}\pi^{2}}{\delta l^{2}}+\frac{E}{r^{2}D}\frac{l^{2}}{m^{2}\pi^{2}}\right) \qquad (4-12\text{a})$$

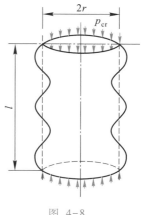

图 4-8

式中,$D=\dfrac{E\delta^{3}}{12(1-\nu^{2})}$ 为每单位周长壳壁截面的弯曲刚度;l 为筒壳的长度;$2r$ 为筒壳中面的直径;m 则为壳壁失稳时出现的半波个数,如图 4-8 中 $m=5$。若 σ_{cr} 为 $m\pi/l$ 的连续函数,则 σ_{cr} 的最小值为

$$\sigma_{cr}=\frac{E}{\sqrt{3(1-\nu^{2})}}\frac{\delta}{r} \qquad (4-12\text{b})$$

这种情况出现在

$$\frac{l}{m}=\pi\left(\sqrt[4]{\frac{r^{2}D}{E\delta}}\right)=\pi\left[\sqrt[4]{\frac{r^{2}\delta^{2}}{12(1-\nu^{2})}}\right]\approx 1.72\sqrt{r\delta}$$

时。若 l/m 大于或小于 $1.72\sqrt{r\delta}$,则临界应力 σ_{cr} 均较按式(4-12b)计算的略大。因此,σ_{cr} 的表达式(4-12b)可看作是图 4-8 所示薄壁圆柱筒壳临界应力的下限。在分析圆柱筒壳的弹性稳定问题时,可以取单位周长的一条壳壁,将其看作是两端受轴向压力作用而沿长度支承在弹性地基上的细长板条,当压力增大到

一定数值时,板条在直线形态下的平衡过渡到在波纹状的微弯形态下的平衡。因此,壳壁发生弹性失稳的临界应力与上述板条的弯曲刚度 D 成正比。

Ⅳ. 拱的弹性稳定问题

最后,简略介绍拱的稳定性问题。设圆环形拱沿整个轴线受径向均布压力作用(图 4-9),拱的两端为可动铰支座,在临界压力 p_{cr} 作用下,拱轴线圆弧状的平衡形态可能过渡到偏离原弧线的微小弯曲位置的平衡,如图 4-9 中点画线所示。此时,其支座可看作为固定铰支座。拱的临界压力 p_{cr} 的表达式为

$$p_{cr} = \frac{EI_y}{R^3}\left[\left(\frac{\pi}{\alpha}\right)^2 - 1\right] \tag{4-13}$$

式中,R 为原始拱轴的曲率半径;I_y 为拱的径向截面对 y 轴的惯性矩;α 为拱轴圆弧所对圆心角的 1/2。

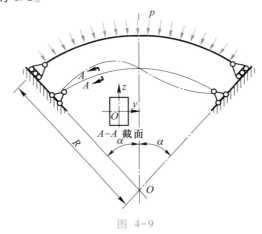

图 4-9

若图 4-9 所示拱的两端为固定端,则临界压力 p_{cr} 的表达式为

$$p_{cr} = \frac{EI_y}{R^3}(k^2 - 1) \tag{4-14}$$

式中,因数 k 是以下方程的根

$$k \tan \alpha \cot k\alpha = 1$$

当 α 角为某些特定值时,因数 k 的值可从表 4-1 查得。

表 4-1　式(4-14)中的因数 k

α	30°	60°	90°	120°	150°	180°
k	8.621	4.375	3.000	2.364	2.066	2.000

对比式(4-14)和式(4-13)可见,拱端约束情况对临界压力值也有很大的影响,如两端固定的拱,在 $\alpha=30°$ 时,临界压力 p_{cr} 要比两端铰支的拱大一倍。

拱在拱轴平面内(简称面内)失稳时将发生横截面绕 y 轴旋转的弯曲(图 4-9),因此临界压力 p_{cr} 与拱的径向截面对 y 轴的弯曲刚度 EI_y 成正比。提高惯性矩 I_y(不增大截面面积),显然可提高拱在面内失稳时的临界压力 p_{cr}。

以上仅就在简单情况下的梁、板、壳、拱等弹性构件发生弹性失稳时的变形形态及其相应的临界力、临界应力表达式,使读者对此有一些基本的了解。对于这些弹性构件稳定性的进一步探讨及详细资料,可参见前面所介绍的手册或专著。

4-2:
电线塔的
倒塌

思 考 题

4-1 细长压杆的长度因数 μ 能否大于2?试结合图示结构(各杆均为细长杆)的临界力来分析。

4-2 下端固定、上端自由的等直细长压杆,受轴向压力 F 及 αF 作用,如图所示。试问求压杆欧拉临界力的方程是否为 $\tan al_1 \tan bl_2 = \dfrac{b}{a}$。其中 $a^2 = \dfrac{F_{cr}}{EI}$,$b^2 = \dfrac{F_{cr}(1+\alpha)}{EI}$,$EI$ 为压杆的最小弯曲刚度。

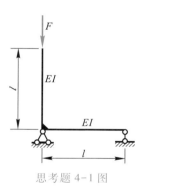

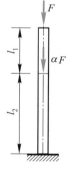

思考题 4-1 图　　　　　　　　思考题 4-2 图

4-3 大柔度杆在小偏心距的偏心压缩时,试问能否按叠加原理进行计算?为什么?

4-4 试问在纵横弯曲构件最大挠度 w_{max} 和最大弯矩 M_{max} 表达式中的 $\overline{F}_{cr}$,与中心受压细长杆的临界力 F_{cr} 有无相似之处?两者在物理意义上又有什么不同?

4-5 圆截面简支梁承受均布荷载 q 和轴向压力 F 的共同作用,如图所示。已知 $F=5$ kN,$q=0.2$ kN/m,$d=120$ mm,$E=10$ GPa。试问梁的最大挠度值为多少?

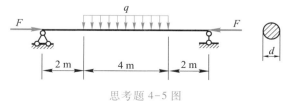

思考题 4-5 图

习　题

4-1　起重机械中的一部件如图 a 所示。试问：

（1）当求部件的临界力 F_{cr} 时，取图 b、c 中的哪一力学模型较为合理？

（2）按图 c 所示简图，导出求欧拉临界力的方程；

（3）若 $I_2 = 10I_1$，$l_1 = l_2$，则按两种简图所得的 F_{cr} 之比为多少？

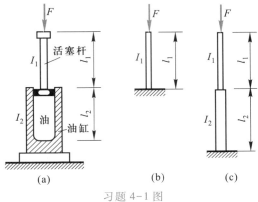

习题 4-1 图

4-2　一根下端固定、上端自由的细长等直压杆如图 a 所示，为提高其承压能力而在长度中央增设旁撑（图 b），使其在该处不能横移。试求加固后压杆的欧拉临界力计算公式，并计算加固前、后临界力的比值。

4-3　杆系中 AB 为细长杆，其弯曲刚度为 EI，BD 为刚性杆，两杆在 B 点处刚性连接，如图所示。试求杆系在 xy 平面内发生弹性失稳时的临界力。

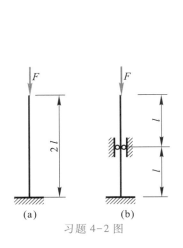

习题 4-2 图

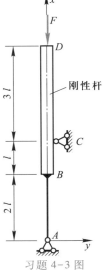

习题 4-3 图

4-4　三根直径及长度均相同的圆截面杆,下端与刚性块固结,两侧的两杆(杆2)上端固定,中间杆(杆1)上端自由,并在该自由端作用有轴向压力 F,如图 a 所示。各杆微弯后的侧视图如图 b 所示。

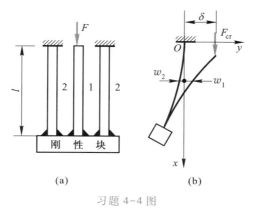

(a)　　　　　　(b)

习题 4-4 图

(1)试检查为求系统在面外(即垂直于三杆组成之平面)失稳时的临界力,根据图 b 所示的坐标系及挠曲线形状列出的下列挠曲线微分方程,特别是其中的正负号是否正确?

$$2EIw_2'' = -F_{cr}(\delta - w_2), \quad EIw_1'' = F_{cr}(\delta - w_1)$$

即

$$w_2'' - \frac{1}{2}k^2w_2 = -\frac{1}{2}k^2\delta, \quad w_1'' + k^2w_1 = k^2\delta$$

式中,I 为杆横截面的惯性矩;$k^2 = \dfrac{F_{cr}}{EI}$。

(2)上列两微分方程的解分别为

$$w_2 = A_2\operatorname{sh}\frac{k}{\sqrt{2}}x + B_2\operatorname{ch}\frac{k}{\sqrt{2}}x + \delta, \quad w_1 = A_1\sin kx + B_1\cos kx + \delta$$

从而有

$$w_2' = A_2\frac{k}{\sqrt{2}}\operatorname{ch}\frac{k}{\sqrt{2}}x + B_2\frac{k}{\sqrt{2}}\operatorname{sh}\frac{k}{\sqrt{2}}x$$

$$w_1' = A_1k\cos kx - B_1k\sin kx$$

为求杆系能在微弯形态下保持平衡的最小压力,亦即临界力 F_{cr},将下列五个条件代入以上四式,然后根据 A_1、B_1、A_2、B_2、δ 不能均为零,亦即挠曲线存在的条件来求 F_{cr}。试分析下列五个条件是否正确?

$$x=0,\ w_2(0)=0; \quad x=0,\ w_2'(0)=0; \quad x=l,\ w_2'(l)=w_1'(l);$$
$$x=l,\ w_2(l)=w_1(l); \quad x=0,\ w_1(0)=\delta$$

(3)试检验用以求 F_{cr},也即求 $k=\sqrt{\dfrac{F_{cr}}{EI}}$ 的方程为(以行列式表示)

$$\begin{vmatrix} k\cos kl & \dfrac{k}{\sqrt{2}}\,\text{sh}\,\dfrac{kl}{\sqrt{2}} \\[4mm] \sin kl & \text{ch}\,\dfrac{kl}{\sqrt{2}} \end{vmatrix} = 0$$

4-5 一端固定、另一端自由的大柔度直杆,压力 F 以小偏心距 e 作用于自由端,如图所示。试导出下列诸量的公式:

(1) 杆的最大挠度 δ;

(2) 杆的最大弯矩 $M_{\max}$;

(3) 杆横截面上的最大正应力。

4-6 一端固定、另一端自由的大柔度直杆,在自由端受轴向压力 F 和横向力 F_1 作用,如图所示。试导出下列诸量的公式:

(1) 杆的最大挠度 δ;

(2) 杆的最大弯矩 $M_{\max}$;

(3) 杆横截面上的最大正应力及相应的强度条件。

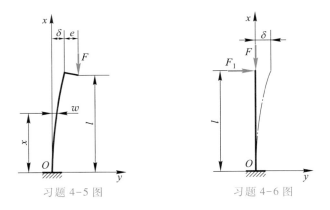

习题 4-5 图   习题 4-6 图

4-7 直径 $d = 200$ mm 的大柔度实心圆截面杆,受力如图所示。已知 $F = 4.5$ kN,木材的弹性模量 $E = 10$ GPa。试求杆的最大正应力。

习题 4-7 图

4-8　矩形截面简支梁,受轴向压力和横向力共同作用,如图所示。已知 $F_1 = 40$ kN, $F = 2$ kN, $b = 40$ mm, $h = 80$ mm, $E = 200$ GPa。试求梁的最大正应力。

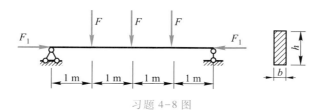

习题 4-8 图

第五章 应变分析·电阻应变计法基础

§5-1 概　　述

　　在以前各章中,讨论了杆件(或杆系)在静荷载作用下的应力、变形(位移)和临界力的计算,以及其强度、刚度和稳定性问题。但在工程实际中,往往有一些构件或由于形状不规则,或由于受力情况、工作条件较为复杂,按其计算简图进行理论计算的结果,往往与实际情况有较大的出入。有些问题甚至难以进行理论计算。为解决这类问题,就须通过实验的方法对实际构件或其模型进行应力、应变测定,以便较精确地了解构件中的应力变化情况,并求得其最大应力,作为强度计算的依据。有时也用实验方法来检验按计算简图进行理论分析所得结果的精确度。因此,计算和实验两种解决力学问题的手段是相辅相成的。例如,我国的许多大型水坝在设计过程中,除采用有限单元法等数值解法进行计算外,往往还用实测或模型试验的结果来加以验证。也有些构件,如厂房中常用的带加劲肋的工字钢行车梁,其受力情况和变形情况都比较复杂,不但有局部接触应力,而且还有腹板的局部弯曲变形和约束扭转变形等。因此,对这类构件进行理论计算后,往往还通过实测试验测定其工作应力,以便对理论计算结果加以修正。这种通过实验来研究和了解结构或构件应力的方法,称为实验应力分析。

　　实验应力分析的方法很多,较为常用的有电阻应变计法、光弹性法、全息光弹性法、云纹法和脆层法等。目前在我国应用最为普遍的是电阻应变计法。本章介绍电阻应变计法的基本原理及其应用。至于其他方法,读者可参阅有关的资料①。

　　电阻应变计法是以电阻应变片为传感元件,将其粘贴在被测构件的测点处,使其随同构件变形,将构件测点处的应变转换为电阻应变片的电阻变化,便可确定测点处的应变,并进而按胡克定律得到其应力。电阻应变计法的特点是传感元件小,适应性强,测试精度高,因而在工程中被广泛应用。但电阻应变计法也

---

　　①　例如,潘少川、刘耀乙、钱浩生编,《实验应力分析》,高等教育出版社,1988 年。

有其局限性,即只能测量受力构件表面上各点处的应变。

如上所述,电阻应变计法是通过电阻应变片来测量受力构件在自由表面上某些点处的应变的。在应变测量中,往往先测定测点处沿几个方向的线应变,然后确定该点处的最大线应变,进而确定该点处的最大正应力。为此,本章先研究平面应力状态下一点处在该平面内应变随方向而改变的规律,再讨论电阻应变计法的基本原理及其应用。

§5-2 平面应力状态下的应变分析

Ⅰ.任意方向的应变

为了推导平面应力状态下一点处在该平面内沿任意方向的线应变和切应变的表达式,设已知点 O 处在坐标系 Oxy 内的线应变 ε_x、ε_y 和切应变 γ_{xy},为求得该点处沿任意方向的应变 ε_α 和 γ_α,可将坐标系 Oxy 绕 O 点旋转一个 α 角,得到一新的坐标系 $Ox'y'$,并规定 α 角以逆时针转动为正(图 5-1a)。由于在 O 点处所取微段的长度为无穷小量,故可认为在 O 点处沿任意方向的微段内,应变是均匀的。此外,由于所研究的变形在弹性范围内都是微小的,于是,可先分别算出由各应变分量 ε_x、ε_y、γ_{xy} 单独存在时的线应变 ε_α 和切应变 γ_α,然后按叠加原理求得其同时存在时的 ε_α 和 γ_α。

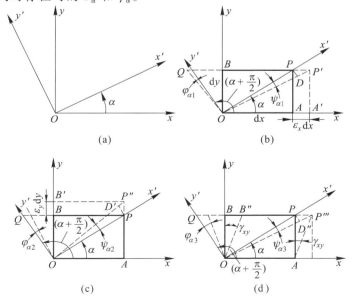

(a)

(b)

(c)

(d)

图 5-1

首先,推导线应变 ε_α 的表达式。为此,可从 O 点沿 x' 方向取一微段 $\overline{OP} = \mathrm{d}x'$,并作为矩形 $OAPB$ 的对角线(图 5-1b),该矩形的两边长分别为 $\mathrm{d}x$ 和 $\mathrm{d}y$。由图可见

$$\overline{OP} = \mathrm{d}x' = \mathrm{d}x/\cos\,\alpha = \mathrm{d}y/\sin\,\alpha \tag{a}$$

在只有正值 ε_x 的情况下,假设 OB 边不动,矩形 $OAPB$ 在变形后将成为 $OA'P'B$,则 $\overline{AA'} = P\,\overline{P'} = \varepsilon_x\mathrm{d}x$。由于变形微小,$\overline{OP}$ 的伸长量 $\overline{P'D}$ 可看作为

$$\overline{P'D} \approx \overline{PP'}\cos\,\alpha = \varepsilon_x\mathrm{d}x\cos\,\alpha \tag{b}$$

由线应变的定义可得 O 点处沿 x' 方向的线应变 $\varepsilon_{\alpha1}$ 为

$$\varepsilon_{\alpha1} = \frac{\overline{P'D}}{\overline{OP}} = \frac{\varepsilon_x\mathrm{d}x\cos\,\alpha}{\mathrm{d}x/\cos\,\alpha} = \varepsilon_x\cos^2\alpha \tag{c}$$

在只有正值 ε_y 的情况下,假设 OA 边不动,矩形 $OAPB$ 在变形后将变为 $OAP''B'$(图 5-1c),则 $\overline{BB'} = \overline{PP''} = \varepsilon_y\mathrm{d}y$。同样由于变形微小,$\overline{OP}$ 的伸长量 $\overline{P''D'}$ 可认为

$$\overline{P''D'} \approx \overline{PP''}\sin\,\alpha = \varepsilon_y\mathrm{d}y\sin\,\alpha \tag{d}$$

由此,可得 O 点处沿 x' 方向的线应变 $\varepsilon_{\alpha2}$ 为

$$\varepsilon_{\alpha2} = \frac{\overline{P''D'}}{\overline{OP}} = \frac{\varepsilon_y\mathrm{d}y\sin\,\alpha}{\mathrm{d}y/\sin\,\alpha} = \varepsilon_y\sin^2\alpha \tag{e}$$

在只有正值切应变 γ_{xy} 的情况下,假设 OA 边不动,矩形 $OAPB$ 在变形后成为菱形 $OAP'''B''$(图 5-1d),则 $\overline{BB''} = \overline{PP'''} \approx \gamma_{xy}\mathrm{d}y$,于是,$\overline{OP}$ 的伸长量 $\overline{P'''D''}$ 可看作为

$$\overline{P'''D''} \approx \overline{PP'''}\cos\,\alpha = \gamma_{xy}\mathrm{d}y\cos\,\alpha \tag{f}$$

因此,可得 O 点处沿 x' 方向的线应变 $\varepsilon_{\alpha3}$ 为

$$\varepsilon_{\alpha3} = \frac{\overline{P'''D''}}{\overline{OP}} = \frac{\gamma_{xy}\mathrm{d}y\cos\,\alpha}{\mathrm{d}y/\sin\,\alpha} = \gamma_{xy}\sin\,\alpha\cos\,\alpha \tag{g}$$

按叠加原理,在 ε_x、ε_y 和 γ_{xy} 同时存在时,O 点处沿 x' 方向的线应变 ε_α 应等于式(c)、式(e)、式(g)的代数和,即

$$\varepsilon_\alpha = \varepsilon_{\alpha1} + \varepsilon_{\alpha2} + \varepsilon_{\alpha3}$$
$$= \varepsilon_x\cos^2\alpha + \varepsilon_y\sin^2\alpha + \gamma_{xy}\sin\,\alpha\cos\,\alpha$$

经三角函数关系变换后,得到

$$\varepsilon_\alpha = \frac{1}{2}(\varepsilon_x + \varepsilon_y) + \frac{1}{2}(\varepsilon_x - \varepsilon_y)\cos\,2\alpha + \frac{1}{2}\gamma_{xy}\sin\,2\alpha \tag{5-1}$$

其次,推导切应变 γ_α 的表达式。其思路同前,但应注意,切应变 γ_α 是直角

∠$x'Oy'$的变化,并规定以第一象限的直角减小时为正值。按前述推导方法,先分别求得在图 5-1b、c、d 所示情况下,沿 x'轴和 y'轴的两边 OP 和 OQ 的转角。在以下的转角计算中,以顺时针转动为正,两边转角的代数和即等于切应变。

在只有正值 ε_x 的情况下(图 5-1b),仍将 OB 边看作不动,则变形前矩形 OAPB 的对角线 OP,即沿 x'轴方向的微段,转到变形后的 OP' 位置,其转角 $\psi_{\alpha1}$为

$$\psi_{\alpha1} = \frac{\overline{PD}}{\overline{OP}} = \frac{\varepsilon_x \mathrm{d}x \sin \alpha}{\mathrm{d}x/\cos \alpha} = \varepsilon_x \sin \alpha \cos \alpha \tag{h}$$

类似地,在只有正值 ε_y 时(图 5-1c),并将 OA 边看作不动,则 OP 转到 OP″位置的转角 $\psi_{\alpha2}$为

$$\psi_{\alpha2} = \frac{\overline{PD'}}{\overline{OP}} = -\frac{\varepsilon_y \mathrm{d}y \cos \alpha}{\mathrm{d}y/\sin \alpha} = -\varepsilon_y \sin \alpha \cos \alpha \tag{i}$$

上式右边的负号表明转角为逆时针转动。

在只有正值 γ_{xy}时(图 5-1d),并将 OA 边看作不动,则 OP 转到 OP‴位置的转角 $\psi_{\alpha3}$为

$$\psi_{\alpha3} = \frac{\overline{PD''}}{\overline{OP}} = \frac{\gamma_{xy} \mathrm{d}y \sin \alpha}{\mathrm{d}y/\sin \alpha} = \gamma_{xy} \sin^2 \alpha \tag{j}$$

在 ε_x、ε_y、γ_{xy}同时存在的情况下,按叠加原理可得

$$\psi_\alpha = \varepsilon_x \sin \alpha \cos \alpha - \varepsilon_y \sin \alpha \cos \alpha + \gamma_{xy} \sin^2 \alpha \tag{k}$$

要得到沿 y'轴方向的微段 OQ 在 ε_x、ε_y、γ_{xy}同时存在的情况下的转角 φ_α,只需将式(k)中的 α 角代之以($\alpha+\pi/2$)角,即得

$$\varphi_\alpha = -\varepsilon_x \sin \alpha \cos \alpha + \varepsilon_y \sin \alpha \cos \alpha + \gamma_{xy} \cos^2 \alpha \tag{l}$$

由于在以上计算转角 ψ_α 和 φ_α 时,都是按顺时针转动为正,而切应变却是以使原来的直角减小时为正值,因而

$$\gamma_\alpha = \varphi_\alpha - \psi_\alpha$$
$$= -2\varepsilon_x \sin \alpha \cos \alpha + 2\varepsilon_y \sin \alpha \cos \alpha + \gamma_{xy}(\cos^2 \alpha - \sin^2 \alpha)$$
$$= -(\varepsilon_x - \varepsilon_y)\sin 2\alpha + \gamma_{xy}\cos 2\alpha$$

经三角函数关系变换后,得到

$$-\frac{\gamma_\alpha}{2} = \frac{1}{2}(\varepsilon_x - \varepsilon_y)\sin 2\alpha - \frac{\gamma_{xy}}{2}\cos 2\alpha \tag{5-2}$$

Ⅱ. 应变圆

式(5-1)和式(5-2)与《材料力学(I)》第七章中平面应力状态下斜截面应

力的表达式(7-1)和式(7-2)具有相似性(即 σ 对应于 ε,τ 对应于 $-\dfrac{\gamma}{2}$),因此,

只需将线应变 ε 作为横坐标,而将 $-\gamma/2$ 作为纵坐标,即将纵坐标的正向取为铅垂向下,如图 5-2 所示,便可绘出表示平面应力状态下一点处不同方向的应变

变化规律的应变圆。受力物体内一点处各方向应变的集合,称为一点处的应变状态,而应变圆也就表示了相应点的应变状态。在应变圆上的 D_1 点,其横坐标代表沿 x 轴方向的线应变 ε_x,纵坐标代表直角 $\angle xOy$ 的切应变 γ_{xy} 的一半,即 $\gamma_{xy}/2$。而在圆上的 D_2 点,其横坐标代表沿 y 轴方向的线应变 ε_y,纵坐标代表坐标系 Oxy 旋转了 90° 以后的直角改变量之半,即 $-\gamma_{xy}/2$。在已知一点处的三个应变分量 ε_x、ε_y 和 γ_{xy} 后,就可依

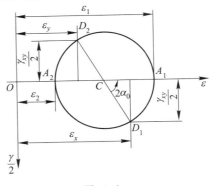

图 5-2

照应力圆的作法作出应变圆(其证明可仿照应力圆的证明)。但需注意,应变圆的纵坐标是 $\gamma/2$,且正值的切应变在横坐标轴的下方。

Ⅲ. 主应变的数值与方向

平面应力状态下,一点处与该平面(即与纸面)垂直的各斜截面中存在两相互垂直的主平面,其上的正应力为主应力而切应力均等于零。可以证明,平面应力状态下,在该平面内一点处也存在着两个互相垂直的主应变,其相应的切应变均等于零。由图 5-2 可见,应变圆与横坐标轴的两交点 A_1 和 A_2 的纵坐标均等于零,其横坐标分别代表两个主应变 ε_1 和 ε_2。应变圆上 A_1、A_2 两点间所夹的圆心角为 180°,因此,两主应变方向间的夹角等于 90°,即两主应变方向相互垂直。

由应变圆上(图 5-2)可得两主应变的表达式为

$$\varepsilon_1 = \frac{1}{2}\left[(\varepsilon_x + \varepsilon_y) + \sqrt{(\varepsilon_x - \varepsilon_y)^2 + \gamma_{xy}^2} \right] \qquad (5-3)$$

$$\varepsilon_2 = \frac{1}{2}\left[(\varepsilon_x + \varepsilon_y) - \sqrt{(\varepsilon_x - \varepsilon_y)^2 + \gamma_{xy}^2} \right] \qquad (5-4)$$

主应变 ε_1 的方向与 x 轴间所夹角度 α_0 为

$$2\alpha_0 = \arctan \frac{\gamma_{xy}/2}{(\varepsilon_x - \varepsilon_y)/2} = \arctan \frac{\gamma_{xy}}{\varepsilon_x - \varepsilon_y} \qquad (5-5)$$

由图 5-2 可见,当 γ_{xy} 为正值,且 $\varepsilon_x > \varepsilon_y$ 时,从 D_1 点(代表 x 轴方向的应变)到 A_1 点(代表主应变 ε_1)的圆心角是按逆时针转向转动的,因此,$2\alpha_0$ 角为正值,故在上式中用正号。主应变 ε_2 的方向则与 ε_1 的方向垂直。对于各向同性材料,在

线弹性范围内,由于正应力仅引起线应变,因而,任一点处的主应变方向与相应的主应力相同,且主应变的序号也与主应力的序号相一致。

例题 **5-1**   设用图 a 所示的 45°应变花测得某构件表面上一点处的三个线应变值为 $\varepsilon_x = 345 \times 10^{-6}$, $\varepsilon_{45°} = 208 \times 10^{-6}$ 及 $\varepsilon_y = -149 \times 10^{-6}$。试用应变圆求该点处的主应变数值和方向。

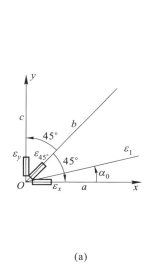

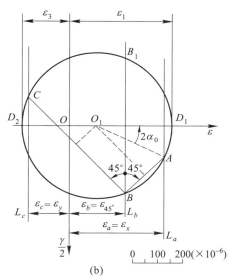

例题 5-1 图

解:选定比例尺如图 b 中所示。绘出纵坐标轴即 $\dfrac{\gamma}{2}$ 轴,并根据已知的 ε_x、$\varepsilon_{45°}$ 和 ε_y 值分别作出平行于纵坐标轴的直线 L_a、L_b 和 L_c。过 L_b 线上的任一点 B,作与 L_b 线成 45°角(顺时针转向)的线 BA,交 L_a 线于 A 点;作与 L_b 线成 45°角(逆时针转向)的线 BC,交 L_c 线于 C 点。作 BA 与 BC 两线的垂直等分线,相交于 O_1 点。过 O_1 点作横坐标轴即 ε 轴,并以 O_1A 为半径作圆,按上述比例尺量取应变圆与 ε 轴的交点 D_1、D_2 的横坐标,即得

$$\varepsilon_1 = OD_1 = 370 \times 10^{-6}, \quad \varepsilon_3 = -OD_2 = -175 \times 10^{-6}$$

再从应变圆上量得 $2\alpha_0 = 24°$,故 $\alpha_0 = 12°$,主应变 ε_1 的方向如图 a 所示。

注意,图中 A、B_1、C 三点的横坐标分别等于 ε_a、ε_b 和 ε_c,又由圆心角等于同弧所对的圆周角的 2 倍这一几何关系,可知圆心角 $\angle AO_1B_1$ 和 $\angle B_1O_1C$ 各等于 $2 \times 45° = 90°$,从而可知 A、B_1、C 三点分别表示测点处沿 a、b、c 三方向的线应变,所以,作图所得的这个圆就是代表测点处应变状态的应变圆。

§5-3   电阻应变计法的基本原理

I.转换原理及电阻应变片

由物理学可知,导体在一定的应变范围内,其电阻改变率 $\Delta R/R$ 与导体的弹性线应变 $\Delta l/l$ 成正比,即

$$\frac{\Delta R/R}{\Delta l/l} = K_s \qquad (5-6)$$

式中,常数 K_s 称为材料的灵敏因数。为此,可选取合适的导体制造成电阻应变片,粘贴在构件表面的测点处,使其随同构件变形,从而测定构件测点处的应变。

工程中常用的电阻应变片有丝绕式应变片、箔式应变片和半导体应变片等。

丝绕式应变片(图5-3a)用 $\phi = 0.02 \sim 0.05$ mm 的康铜丝或镍铬丝绕成栅状,这是因为既希望增加金属丝的长度,增大其电阻改变量,以提高测量精度,又希望减小应变片的标距 l,以反映"一点"处的应变。将金属丝栅粘固于两层绝缘的薄纸(或塑料薄膜)之间,丝栅的两端用直径为 0.2 mm 左右的镀银铜线引出,以供测量时焊接导线之用。

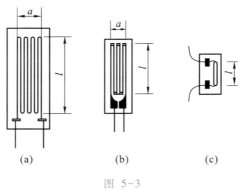

(a)   (b)   (c)

图 5-3

箔式应变片(图5-3b)是为减小应变片的尺寸,利用光刻技术将康铜箔或镍铬箔腐蚀成栅状,然后粘固于两层塑料薄膜之间而制成。

半导体应变片(图5-3c)是利用半导体的应变效应(即应变与电阻变化率成正比),将半导体粘固于塑料基体上而制成。

金属丝制造成应变片后,由于金属丝回绕形状、基体和胶层等因素的影响,应变片的灵敏因数为

$$K = \frac{\Delta R / R}{\varepsilon} \qquad (5 - 7)$$

式中,ε 为沿应变片长度方向的线应变。应变片的灵敏因数 K 与制造应变片材料的灵敏因数 K_s 值不尽相同。应变片的灵敏因数 K 值通过实验测定,一般均由应变片的制造厂提供,常用应变片 K 值为 1.7~3.6。

电阻应变片的基本参数为灵敏因数 K、电阻值 R、标距 l 和宽度 a。显然,由应变片测得的应变实际上是标距和宽度范围内的平均应变。因此,当需要测量一点处的应变时(如应力集中处的最大应变),应选用尽可能小的应变片。而当需要测量不均匀材料(如混凝土)的应变时,则须选用足够大的应变片,以得到量测范围内的平均应变值。由于构件测点处的应变是通过应变片的电阻变化来测量的,所以,应变片粘贴的位置要准确,并保证它随同构件变形。此外,还要求应变片与构件间有良好的绝缘。

Ⅱ. 测量原理及电阻应变仪

应变片随同构件变形而引起的电阻变化,可利用四臂电桥(惠斯通电桥)来测量。现将电桥线路的工作原理简述如下。

电桥(图 5-4)的四个桥臂 AB、BC、CD 和 DA 的电阻分别为 R_1、R_2、R_3 和 R_4。当对角结点 A、C 接上电压为 U_{AC} 的直流电源时,则另一对角结点 B、D 的输出电压为

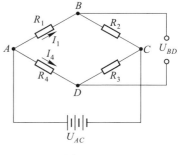

图 5-4

$$U_{BD} = U_{AB} - U_{AD} = I_1 R_1 - I_4 R_4$$

由于

$$I_1 = \frac{U_{AC}}{R_1 + R_2}, \quad I_4 = \frac{U_{AC}}{R_3 + R_4}$$

故得

$$U_{BD} = U_{AC} \frac{R_1 R_3 - R_2 R_4}{(R_1 + R_2)(R_3 + R_4)} \qquad (5 - 8)$$

当电桥的输出电压 $U_{BD} = 0$,即电桥平衡时,得

$$R_1 R_3 = R_2 R_4 \qquad (5 - 9)$$

若电桥的四个桥臂均为粘贴在构件上的电阻应变片,且其初始电阻相等,即 $R_1 = R_2 = R_3 = R_4 = R$,则在构件受力前,显然电桥保持平衡,$U_{BD} = 0$。在构件受力后,若各应变片产生的电阻改变量分别为 ΔR_1、ΔR_2、ΔR_3 和 ΔR_4,则由式(5-8),并考虑到 ΔR_i 远小于 R,略去分子中 ΔR_i 的高次项和分母中的 ΔR_i 项,可得电桥的输出电压为

$$U_{BD} = U_{AC} \frac{\Delta R_1 + \Delta R_3 - \Delta R_2 - \Delta R_4}{4R} \qquad (5-10)$$

为了提高测量精度,实际应用的应变仪采用双电桥结构,即把测量电桥和读数电桥串联起来,如图 5-5 所示。图中的 R_1、R_2、R_3 和 R_4 是由应变片组成的测量电桥四个桥臂的电阻,而 R'_1、R'_2、R'_3 和 R'_4 则为由可调电阻组成的读数电桥四

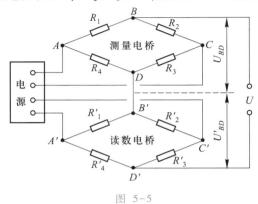

图 5-5

个桥臂的电阻。双电桥的总输出电压为

$$U = U_{BD} + U'_{BD} \qquad (a)$$

若测量电桥中四个应变片的原始电阻值均为 R,并在测量前预调读数电桥,使双电桥的总输出电压 $U = 0$,则当应变片随同构件变形而引起电阻变化时,测量电桥将输出一个不平衡的电压 U_{BD},由式(5-10)及式(5-7)可得

$$U_{BD} = U_{AC} \frac{\Delta R_1 + \Delta R_3 - \Delta R_2 - \Delta R_4}{4R}$$

$$= \frac{U_{AC}K}{4}(\varepsilon_1 + \varepsilon_3 - \varepsilon_2 - \varepsilon_4) \qquad (b)$$

该不平衡电压经放大后,驱动指示仪的指针偏转。再调节读数电桥,使其输出一个与 U_{BD} 数值相等、方向相反的不平衡电压 U'_{BD},从而使总输出电压 U 为零,即指示仪的指针回到零位。

与式(5-10)相仿,U'_{BD} 的大小也与读数电桥各桥臂的电阻改变量($\Delta R'_1 + \Delta R'_3 - \Delta R'_2 - \Delta R'_4$)成正比,而这一电阻改变量是通过改变 R'_1 与 R'_2 或 R'_3 与 R'_4 的旋钮来实现的。设旋钮的旋转量为 ε_R,则 ε_R 与读数电桥的输出电压成正比,即

$$U'_{BD} = A\varepsilon_R \qquad (c)$$

为使指示仪的指针回到零位(即总输出电压 U 为零),要求 U'_{BD} 与 U_{BD} 的数值相等,即

$$A\varepsilon_R = \frac{U_{AC}K}{4}(\varepsilon_1 + \varepsilon_3 - \varepsilon_2 - \varepsilon_4) \tag{d}$$

设计旋钮的刻度,使 $A = \dfrac{U_{AC}K}{4}$,即得

$$\varepsilon_R = \varepsilon_1 + \varepsilon_3 - \varepsilon_2 - \varepsilon_4 \tag{5-11}$$

上式就是旋钮刻度盘的读数 ε_R 与测量电桥中四个应变片的应变值之间的关系式。按上述原理制成的仪器,称为电阻应变仪。应用电阻应变仪,可直接读出构件表面被测点处应变片的应变值。

Ⅲ. 应变测量中的一些问题

用电阻应变计法测量应变时,通常还需考虑以下几个问题。

一、测量电桥的接线

在实际测量中,测量电桥的接线方式有两种。一种是半桥接线法,即将测量电桥的 R_1 和 R_2 两臂接上应变片,而另两臂 R_3 和 R_4 短接,即用电阻应变仪内接的相同阻值的标准电阻(一般 $R_3 = R_4 = 120\ \Omega$)。于是,式(5-11)中的 $\varepsilon_3 = \varepsilon_4 = 0$。另一种是全桥接线法,即将测量电桥的四个桥臂都接上应变片。两种接线方式的具体应用,应根据被测构件的变形特征和测试要求来选取,将在下面的应变测量中讨论。

二、温度补偿

在测量过程中,工作环境的温度变化将引起构件和应变片产生温度变形,而且各应变片处的温度变化也不一定相同。于是,测得的应变值将包含温度变化的影响,而导致测量误差。

为了消除由温度变化而引起的测量误差,测量中可使相邻两臂的应变片(如 R_1 和 R_2)粘贴在处于同一温度环境下相同材料的表面上,其中 R_1 为构件测点的应变片,称为工作片;R_2 为不受荷载作用的应变片,称为温度补偿片,如图5-6a所示。于是,工作片 R_1 和温度补偿片 R_2 的应变分别为

$$\varepsilon_1 = \varepsilon_{1F} + \varepsilon_{1t} \quad \text{和} \quad \varepsilon_2 = \varepsilon_{2t}$$

显然,R_1 和 R_2 由温度变化所引起的应变相等,即 $\varepsilon_{1t} = \varepsilon_{2t}$,并注意到 $\varepsilon_3 = \varepsilon_4 = 0$,于是,由式(5-11)可得

$$\varepsilon_R = \varepsilon_1 - \varepsilon_2 = \varepsilon_{1F} \tag{e}$$

即应变仪的读数值 ε_R 等于测点处由荷载引起的应变值 ε_{1F},从而消除了温度变化的影响。

有时,利用式(5-11)所表示的应变仪读数值与各桥臂应变值之间的关系,也可将粘贴在构件表面上、并处于同一温度环境的电阻应变片作为测量电桥的

桥臂,而不单独设置温度补偿片。例如,若以图 5-6b 中拉杆表面相互垂直的两片应变片作为 R_1 和 R_2,则应变仪的读数值为

$$\varepsilon_R = \varepsilon_1 - \varepsilon_2 = (\varepsilon_{1F} + \varepsilon_{1t}) - (-\nu\varepsilon_{1F} + \varepsilon_{2t})$$
$$= (1 + \nu)\varepsilon_{1F}$$

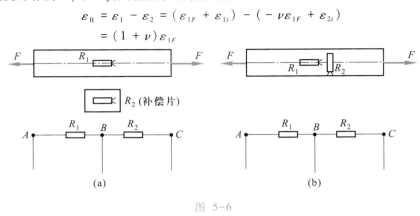

图 5-6

式中,ν 为材料的泊松比。按照这样的接线法虽未单独设置温度补偿片,但温度变化的影响已自动消除,称为自动补偿。一般地说,自动补偿接线中的读数值 ε_R 往往是测点 R_1 应变值的某一倍数,如上述的倍数为 $(1+\nu)$,从而也提高了测量的灵敏度。

三、灵敏因数调整器的使用

由于各种电阻应变片的灵敏因数 K 值不尽相同,为使应变仪的读数值正确反映测点的应变,在实际测试中,同一次测试应选用具有相同灵敏因数值的同一种应变片。并且在测量前,将电阻应变仪上灵敏因数调整器的指针对准应变片的灵敏因数 K 值。这时,应变仪的读数 ε_R 与四个桥臂的应变之间才符合式(5-11)所示的关系。若应变片的 K 值超出了灵敏因数调整器的可调范围,则可将调整器的指针对准"2.00",然后把应变仪的读数值 ε_R 按下式进行修正,以求得实际的应变值 ε

$$\varepsilon = \frac{2.00}{K}\varepsilon_R \tag{5-12}$$

式中,K 为所用应变片的灵敏因数值。

另外,一般常用电阻应变仪内测量电桥的桥臂电阻是按 120 Ω 设计的。若选用的应变片的电阻不是 120 Ω,或者连接应变片的导线过长,均将引起测量误差,其读数值 ε_R 也应按比例加以修正。

§5-4 应变的测量与应力的计算

实际测试时,应根据测试的目的和要求,对被测构件进行应力分析,确定测点的位置。然后,根据测点的应力状态及温度补偿等要求,考虑应变片的布片及接线方案。下面分别加以讨论。

一、单轴应力状态

当构件的测点处于单轴应力状态时,只需在测点处沿主应力方向(亦即主应变方向)粘贴一个电阻应变片,然后,用电阻应变仪测定其应变 ε,并按胡克定律

$$\sigma = E\varepsilon$$

求得其正应力 σ,也即测点处的主应力。例如,图 5-6a 所示拉杆的轴向应力。若采用温度自动补偿,则可采用图 5-6b 所示的布片和接线方式进行测定。

二、主应力方向已知的平面应力状态

若构件的测点处于平面应力状态,且其主应力方向(亦即主应变方向)可通过理论分析或其他实验方法(例如脆性涂层法)加以确定,则可在测点处沿两个主应力方向粘贴电阻应变片,应用温度补偿片或自动补偿法,测得相应的两个主应变 ε_1 和 ε_2。然后,应用平面应力状态下的广义胡克定律公式,经整理后,可得测点处相应的两个主应力为

$$\sigma_1 = \frac{E}{1-\nu^2}(\varepsilon_1 + \nu\varepsilon_2)$$

$$\sigma_2 = \frac{E}{1-\nu^2}(\varepsilon_2 + \nu\varepsilon_1)$$

注意,主应力的序号应按代数值 $\sigma_1 \geqslant \sigma_2 \geqslant \sigma_3$ 的规定进行调整。

例题 5-2 一外径为 D、内径为 d 的等直空心圆轴,受扭转力偶矩 M_x 和弯曲力偶矩 M_z 作用,如图 a 所示。圆轴材料的弹性常数为 E、ν,试在该圆轴上用半桥自动补偿法测定弯曲力偶矩 M_z,并用全桥自动补偿法测定扭转力偶矩 M_x。

解:(1)用半桥自动补偿法测弯曲力偶矩 M_z

为在空心圆轴上只测量弯曲力偶矩的大小,可在该圆轴的 a 点处及与其对称的 b 点处,沿轴线 x 方向贴上应变片 R_a 和 R_b,并分别将应变片 R_a 和 R_b 接入电桥的测量桥臂 AB 和 BC。这样,既组成了仪器测量的外部半桥,又补偿了温度的影响,如图 c 所示。当 $R_a = R_b$ 时,应变仪上的应变读数将为

$$\varepsilon_R = \varepsilon_a - \varepsilon_b = \varepsilon_a - (-\varepsilon_a) = 2\varepsilon_a \tag{1}$$

因 a 点处仅有 x 轴向的线应变,利用胡克定律可得该点处的正应力为

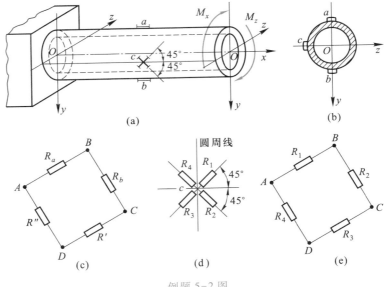

例题 5-2 图

$$\sigma_a = E\varepsilon_a = \frac{M_z}{W_z} = \frac{32M_z}{\pi D^3\left[1 - \left(\dfrac{d}{D}\right)^4\right]} \qquad (2)$$

由式（1）和式（2）可得弯曲力偶矩 M_z 为

$$M_z = \frac{\varepsilon_R}{2}\frac{E\pi D^3\left[1 - \left(\dfrac{d}{D}\right)^4\right]}{32} = \frac{E\pi D^3\left[1 - \left(\dfrac{d}{D}\right)^4\right]}{64}\varepsilon_R \qquad (3)$$

（2）用全桥自动补偿法测扭转力偶矩 M_x

为在圆轴上只测扭转力偶矩 M_x，可在 xz 平面与圆轴表面的交线上的 c 点处，沿与 x 轴成 $\pm45°$ 的方向贴上 4 个应变片（图 a 和图 d）。由于 c 点在中性层上，所以弯矩的作用对应变无影响。而在扭矩作用下，应变片 1 和 3 将发生伸长变形，分别接入桥臂 AB 和 CD；应变片 2 和 4 将发生压缩变形，分别接入桥臂 BC 和 DA。这样，既组成了仪器测量的外部全桥，又自动补偿了温度的影响，如图 e 所示。当 $R_1 = R_2 = R_3 = R_4$ 时，应变仪上应变的读数 $\varepsilon_R = 4\varepsilon_{45°}$。对于纯剪切应力状态，有 $\sigma_1 = \sigma_{45°} = \tau$，$\sigma_3 = \sigma_{-45°} = -\tau$，并由平面应力状态下的胡克定律，即得

$$\varepsilon_R = 4\varepsilon_{45°} = 4\frac{(1 + \nu)}{E}\tau = 4\frac{(1 + \nu)}{E}\frac{T}{W_p} \qquad (4)$$

由式（4）可得该圆轴上的扭转力偶矩 M_x 为

$$M_x = T = \frac{EW_p}{4(1+\nu)}\varepsilon_R = \frac{E\pi D^3\left[1-\left(\dfrac{d}{D}\right)^4\right]}{64(1+\nu)}\varepsilon_R \tag{5}$$

三、主应力方向未知的平面应力状态

若构件的测点处于平面应力状态,而其主应力方向尚为未知。这样,就无法直接测定该点处的两个主应变。为此,可通过测定该点处任意三个方向的线应变,据此以确定主应变及其方向。

设已知一平面应力状态 σ_x、σ_y 和 τ_{xy},如图 5-7a 所示,该点处相应的三个应变分量依次为 ε_x、ε_y 和 γ_{xy}。为测量该点处的主应变及其方向,先在该点处分别测量与 x 轴的夹角为 α_a、α_b 和 α_c 的任意三个方向上的线应变 ε_a、ε_b 和 ε_c(图 5-7b)。由式(5-1a)可得

$$\varepsilon_a = \varepsilon_x\cos^2\alpha_a + \varepsilon_y\sin^2\alpha_a + \gamma_{xy}\sin\alpha_a\cos\alpha_a \tag{a}$$

$$\varepsilon_b = \varepsilon_x\cos^2\alpha_b + \varepsilon_y\sin^2\alpha_b + \gamma_{xy}\sin\alpha_b\cos\alpha_b \tag{b}$$

$$\varepsilon_c = \varepsilon_x\cos^2\alpha_c + \varepsilon_y\sin^2\alpha_c + \gamma_{xy}\sin\alpha_c\cos\alpha_c \tag{c}$$

联立求解上列代数方程组,即可得到应变分量 ε_x、ε_y 和 γ_{xy} 值,然后代入式(5-3)、式(5-4)和式(5-5),即得测点处的主应变 ε_1 和 ε_2,以及 ε_1 的方向与 x 轴间的夹角 α_0。

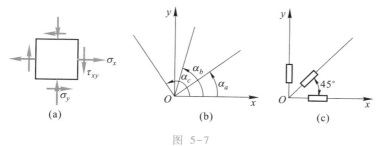

图 5-7

在实际测试中,为了简化计算,通常采用 45° 应变花,或称**直角应变花**(图 5-7c),即 $\alpha_a = 0°$、$\alpha_b = 45°$、$\alpha_c = 90°$。代入式(a)、式(b)和式(c)中,可得

$$\varepsilon_x = \varepsilon_a \tag{d}$$

$$\varepsilon_y = \varepsilon_c \tag{e}$$

$$\gamma_{xy} = 2\varepsilon_b - (\varepsilon_a + \varepsilon_c) \tag{f}$$

将上列三式代入式(5-3)、式(5-4)和式(5-5),即可得到该点处用所测出的三个线应变 ε_a、ε_b 和 ε_c 表达的两个主应变 ε_1、ε_2 及其方向如下:

$$\varepsilon_1 = \frac{1}{2}\left\{(\varepsilon_a + \varepsilon_c) + \sqrt{2\left[(\varepsilon_a - \varepsilon_b)^2 + (\varepsilon_b - \varepsilon_c)^2\right]}\right\} \tag{g}$$

$$\varepsilon_2 = \frac{1}{2}\left\{(\varepsilon_a + \varepsilon_c) - \sqrt{2[(\varepsilon_a - \varepsilon_b)^2 + (\varepsilon_b - \varepsilon_c)^2]}\right\} \tag{h}$$

$$2\alpha_0 = \arctan\frac{2\varepsilon_b - (\varepsilon_a + \varepsilon_c)}{\varepsilon_a - \varepsilon_c} \tag{i}$$

求得主应变后,即可用平面应力状态下的广义胡克定律计算其主应力。

　　在实测中,有时也采用 60°应变花,或称等角应变花(图 5-8),即 $\alpha_a = 0°$、$\alpha_b = 60°$、$\alpha_c = 120°$。按照与上述完全类似的步骤,可推导出该测点处用所测定的三个线应变 ε_a、ε_b 和 ε_c 表达的两个主应变 ε_1、ε_2 及其方向的表达式

$$\varepsilon_1 = \frac{\varepsilon_a + \varepsilon_b + \varepsilon_c}{3} + \frac{\sqrt{2}}{3}\sqrt{(\varepsilon_a - \varepsilon_b)^2 + (\varepsilon_b - \varepsilon_c)^2 + (\varepsilon_c - \varepsilon_a)^2} \tag{j}$$

$$\varepsilon_2 = \frac{\varepsilon_a + \varepsilon_b + \varepsilon_c}{3} - \frac{\sqrt{2}}{3}\sqrt{(\varepsilon_a - \varepsilon_b)^2 + (\varepsilon_b - \varepsilon_c)^2 + (\varepsilon_c - \varepsilon_a)^2} \tag{k}$$

$$2\alpha_0 = \arctan\frac{\sqrt{3}(\varepsilon_b - \varepsilon_c)}{2\varepsilon_a - \varepsilon_b - \varepsilon_c} \tag{l}$$

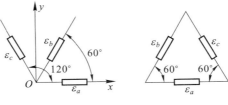

图 5-8

　　用应变花测得一点处的三个线应变 ε_a、ε_b、ε_c 后,也可利用应变圆来确定该点处的主应变及其方向。应用应变圆确定 45°应变花的主应变,可参阅例题 5-1。关于 60°应变花的应变圆的作法可参阅下列例题。

　　应用应变花测量时,一般都采用温度补偿片来消除温度变化的影响,而难以利用自动补偿的方法。

　　例题 5-3　在一构件上利用 60°应变花测得某点 O 处的三个线应变为 ε_a、ε_b 和 ε_c,如图 a 所示。试用应变圆求该点处的主应变及其方向。

　　解:选取一定的比例尺,绘出纵坐标轴($\gamma/2$ 轴,且以向下为正),如图 b 所示。然后作三条与其平行的线 L_a、L_b 和 L_c,与纵坐标轴的间距分别为 ε_a、ε_b 和 ε_c。在 L_b 线上任取一点 B,过 B 点作线 BA,与 L_a 线相交于 A 点,从线 L_b 到线 BA 的转角是顺时针转向 60°;过 B 点再作线 BC 与线 L_c 相交于 C 点,从线 L_b 到线 BC 的转角则为逆时针转向 60°。然后,作 BA 和 BC 两线的垂直等分线,相交于

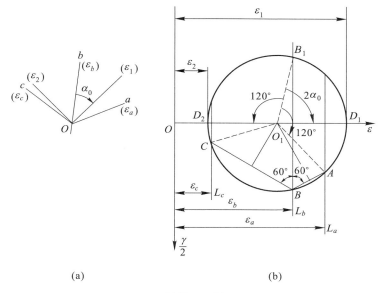

例题 5-3 图

O_1 点。以 O_1 点为圆心,以 O_1A 或 O_1B、O_1C(三者长度相等)为半径所作的圆,即为代表测点处应变状态的应变圆。圆上 A、B_1、C 三点分别表示 a、b、c 三个方向的线应变。过 O_1 点作横坐标轴(ε 轴),与应变圆的两交点分别为 D_1 和 D_2,其横坐标就分别为该测点处的两个主应变 ε_1 和 ε_2。主应变 ε_1 的方向则从方向 b 沿顺时针转向转动 α_0 角得出,α_0 角为应变圆上 $\angle B_1O_1D_1$ 的一半。

上述作图法的正确性可在图 b 中得到验证:将应变圆的圆心 O_1 点与圆周上的 A、B_1 和 C 三点分别连接起来,由圆心角等于同弧所对圆周角的 2 倍这一几何关系,可知圆心角 $\angle B_1O_1C$ 和 $\angle B_1O_1A$ 各等于 $2 \times 60° = 120°$;此外,A、B、C 三点的横坐标分别等于 ε_a、ε_b 和 ε_c,即分别表示测点 O 处沿 a、b、c 三方向的线应变,所以,这个圆就是代表测点 O 处应变状态的应变圆。

思 考 题

5-1 对于各向同性材料,试问其主应力方向与主应变方向是否一致,为什么?

5-2 在平面应力状态中,平面外的应力分量,即与 z 有关的应力分量 σ_z、τ_{zx}、τ_{zy} 均等于零,试问与 z 有关的应变分量 ε_z、γ_{zx}、γ_{zy} 是否也等于零,为什么?

5-3 一外径为 D、壁厚为 δ 的薄壁圆筒,承受扭转力偶矩 M_e 作用(如图所示),圆筒材料的弹性常数为 E、ν,试问筒壁上任一点 k 处于何种应力状态? 垂直于筒壁的径向应变为多大?

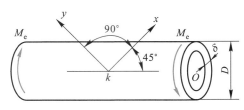

思考题 5-3 图

5-4　在电阻应变计法中,若电阻应变仪的灵敏因数钮所指示的刻度为 K',不等于所用电阻应变片的灵敏因数 K,试问应如何修正应变的读数值?

5-5　受轴向拉伸的矩形截面杆和受扭圆杆,若在电阻应变计测试时,拉杆表面上所贴应变片与杆的 x 轴方向偏斜 θ 角(图 a),以及圆杆表面上所贴应变片与 45° 方向同样偏斜 θ 角($\theta \leqslant 1°$)(图 b),试问哪一种情况造成的误差大? 大多少?

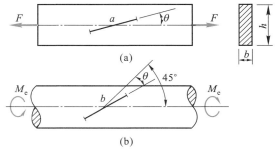

思考题 5-5 图

5-6　已知某位移传感器的测量原理如图所示。试绘出应变片全桥接线图,并建立应变仪读数 ε_R 与位移 Δ 间的关系式。已知弹簧刚度系数为 k,以及梁的 E、ν、b、δ、l 和 l_1(应变片标距与 l、l_1 相比很小,可略去不计)。

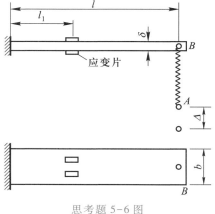

思考题 5-6 图

习　　题

5-1　一矩形截面($b \times h$)等直杆,承受轴向拉力 F 作用,如图所示。若在杆受力前,其表面画有直角 $\angle ABC$,杆材料的弹性模量为 E、泊松比为 ν,试求杆受力后,线段 BC 的变形及直角 $\angle ABC$ 的改变量。

5-2　一边长为 10 m 的正方形平板,变形后各边仍为直线,其形状如图所示(图中所标尺寸为示意图,变形量是夸大了的)。试求平板在板平面内的主应变及其方向。

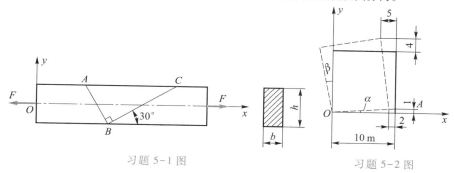

习题 5-1 图　　　　　　　　　　习题 5-2 图

5-3　用 45°应变花测得构件表面上一点处三个方向的线应变分别为 $\varepsilon_{0°} = 700 \times 10^{-6}$, $\varepsilon_{45°} = 350 \times 10^{-6}$, $\varepsilon_{90°} = -500 \times 10^{-6}$。试作应变圆,并求该点处的主应变数值和方向。

5-4　用 45°应变花测得构件表面上某点处 $\varepsilon_{0°} = 400 \times 10^{-6}$, $\varepsilon_{45°} = 260 \times 10^{-6}$, $\varepsilon_{90°} = -80 \times 10^{-6}$。试求该点处三个主应变的数值和方向。

5-5　用电阻应变计法测得受扭圆杆表面上两个相间 45°、方向任意(即 α 为任意值)的线应变为 $\varepsilon' = 5.00 \times 10^{-4}$, $\varepsilon'' = 3.75 \times 10^{-4}$。已知杆材料的弹性常数 $E = 200$ GPa, $\nu = 0.25$;圆杆的直径 $d = 100$ mm。试求扭转外力偶矩 M_e。

5-6　由电阻应变计法测得钢梁表面上某点处 $\varepsilon_x = 500 \times 10^{-6}$, $\varepsilon_y = -465 \times 10^{-6}$,已知: $E = 210$ GPa, $\nu = 0.33$。试求 σ_x 及 σ_y 值。

5-7　有一处于平面应力状态下的单元体,其上的两个主应力如图所示。设 $E = 70$ GPa, $\nu = 0.25$。试求单元体的三个主应变,并用应变圆求出其最大切应变 γ_{max}。

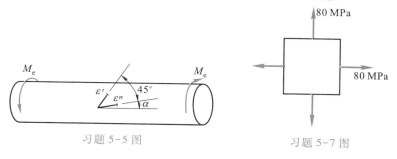

习题 5-5 图　　　　　　　　　　习题 5-7 图

5-8   一直径 $d=20$ mm 的实心钢圆轴,承受轴向拉力 F 与扭转力偶矩 M_e 的组合作用,如图所示。已知轴材料的弹性常数 $E=200$ GPa,$\nu=0.3$,并通过 45° 应变花测得圆轴表面上 a 点处的线应变为 $\varepsilon_{0°}=32\times10^{-5}$,$\varepsilon_{45°}=56.5\times10^{-5}$,$\varepsilon_{90°}=-9.6\times10^{-5}$。试求 F 和 M_e 的数值。

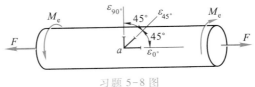

习题 5-8 图

5-9   在一钢结构表面的某点处,用 45° 应变花测得三个方向的线应变为 $\varepsilon_{0°}=56.1\times10^{-5}$,$\varepsilon_{45°}=42\times10^{-5}$,$\varepsilon_{90°}=-10\times10^{-5}$。结构材料的弹性常数 $E=210$ GPa,$\nu=0.28$。试用应变圆求主应变,并求该点处主应力的数值及方向。

5-10   在一液压机上横梁的表面上某点处,用 45° 应变花测得 $\varepsilon_{0°}=51.6\times10^{-6}$,$\varepsilon_{45°}=169\times10^{-6}$,$\varepsilon_{90°}=-117\times10^{-6}$。试用应变圆求该点处两个主应变的数值和方向。若上横梁的材料为铸铁,$E=110$ GPa,$\nu=0.25$,试求该点处的主应力值。

5-11   用等角应变花测得受力构件表面上某点处三个方向的线应变(如图)为

$$\varepsilon_{0°}=1\,000\times10^{-6},\varepsilon_{60°}=-650\times10^{-6},\varepsilon_{120°}=750\times10^{-6}$$

试求该点处沿 x、y 方向的应变分量,以及 xy 平面内主应变的大小和方向。

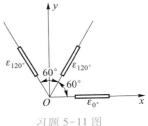

习题 5-11 图

5-12   在一液压机上横梁的表面上某点处,用 60° 应变花测得三个方向的线应变为 $\varepsilon_{0°}=28.5\times10^{-5}$,$\varepsilon_{60°}=-2.0\times10^{-5}$,$\varepsilon_{120°}=-10.0\times10^{-5}$。已知液压机材料的弹性常数 $E=210$ GPa,$\nu=0.3$。试用应变圆求主应变,并求该点处主应力的数值及方向。

第六章 动荷载·交变应力

§6-1 概 述

以前各章所讨论的都是构件在静荷载作用下的应力、应变及位移计算。在工程实际问题中,常会遇到动荷载问题。所谓动荷载,是指随时间作急剧变化的荷载,以及作加速运动或转动的系统中构件的惯性力。例如,起重机以加速起吊重物时吊索受到的惯性力和飞轮作等速转动时轮缘上的惯性力等。动荷载作用下构件的应力、应变和位移计算,通常仍可采用静荷载下的计算公式,但需作相应的修正,以考虑动荷载的效应。若构件内的应力随时间作交替变化,则称为交变应力。构件长期在交变应力作用下,虽然最大工作应力远低于材料的屈服强度,且无明显的塑性变形,但是往往发生骤然断裂。这种破坏现象,称为疲劳破坏。因此,在交变应力作用下的构件还应校核疲劳强度。

6-1:
杆冲击动画

本章主要讨论作等加速直线运动或等速转动的构件和受冲击荷载作用的构件的动应力计算,以及在交变应力作用下的构件的疲劳破坏和钢结构及其连接的疲劳强度校核。

§6-2 构件作等加速直线运动或等速转动时的动应力计算

构件作等加速直线运动或等速转动时,构件内各质点将产生惯性力。动应力的最简单解法是应用动静法,即除外加荷载外,再在构件的各点处加上惯性力,然后按求解静荷载问题的程序,求得构件的动应力。

设图 6-1 所示为一均质等截面直杆 AB,B 端固定在直径为 D 的转轴上,转轴的角速度为 ω,杆的长度为 l,横截面面积为 A,单位体积质量为 ρ,

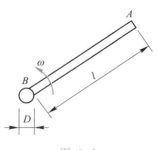

图 6-1

计算杆内的最大动应力 $\sigma_{\mathrm{d,max}}$。

根据动静法,在杆的各点处加上惯性力。由于在杆内各点处的惯性力与该点至旋转中心的距离成正比,为此,可用线分布力集度 q_{d} 来度量惯性力的大小。对于均质的等截面直杆,距旋转中心为 x 处的惯性力集度为 $q_{\mathrm{d}}(x) = A\rho\omega^2 x$,惯性力的方向与加速度的方向相反。沿杆轴加上惯性力集度 $q_{\mathrm{d}}(x)$ 后,即可按分布静荷载作用下的拉杆来计算杆 AB 内的动应力 σ_{d}。

显然,杆 AB 内的最大动应力发生在 B 端的横截面上,其值为

$$\sigma_{\mathrm{d,max}} = \frac{1}{A}\int_{D/2}^{(l+D/2)} A\rho\omega^2 x\,\mathrm{d}x = \frac{1}{2}\rho\omega^2(l^2 + lD)$$

当杆长 l 远大于转轴的直径 D 时,上式括号中的第二项 lD 可以略去不计。由上式可见,对于等截面直杆,动应力的大小与杆的横截面面积 A 无关。即对于一定的材料,等截面直杆的角速度 ω 有一极限值,该极限值与杆的横截面面积无关。若将杆设计成变截面杆,如汽轮发电机转子上的叶片,则动应力表达式的形式要比上式复杂得多,因任意 x 截面处的惯性力集度中的横截面面积为截面位置 x 的函数 $A(x)$。

有些构件的自身质量与置放在构件上的重物质量相比很小,而可略去不计时,则根据动静法,可将重物的惯性力作为集中荷载加在杆件上,然后按静荷载问题来计算其动应力。

例题 **6-1**　一钢索起吊重物 M（图 a）,以等加速度 a 提升。重物 M 的重力为 P,钢索的横截面面积为 A,其重量与 P 相比甚小而可略去不计。试求钢索横截面上的动应力 σ_{d}。

解：由于重物 M 以等加速度 a 提升,故钢索除受重力 P 作用外,还受动荷载（惯性力）作用。根据动静法,将惯性力 Pa/g（其指向与加速度 a 的指向相反）加在重物上（图 b）,于是,由重物 M 的平衡方程 $\sum F_y = 0$,即可求得钢索横截面上的轴力 F_{Nd} 为

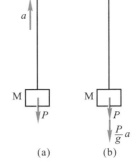

$$F_{\mathrm{Nd}} - P - \frac{P}{g}a = 0 \qquad (1)$$

$$F_{\mathrm{Nd}} = P + \frac{P}{g}a = P\left(1 + \frac{a}{g}\right) \qquad (2)$$

从而,可得钢索横截面上的动应力为

例题 6-1 图

$$\sigma_{\mathrm{d}} = \frac{P_{\mathrm{Nd}}}{A} = \frac{P}{A}\left(1 + \frac{a}{g}\right) = \sigma_{\mathrm{st}}\left(1 + \frac{a}{g}\right) \qquad (3)$$

式中，$\sigma_{st} = \dfrac{P}{A}$ 为 P 作为静荷载作用时钢索横截面上的静应力。若将 $(1+a/g)$ 视为动荷因数并用 K_d 表示，则式（3）又可改写为

$$\sigma_d = K_d \sigma_{st} \tag{4}$$

对于有动荷载作用的构件，常用动荷因数 K_d 来反映动荷载的效应，在以后两节中将普遍采用。

例题 6-2　一平均直径为 D 的薄壁圆环，绕通过其圆心且垂直于环平面的轴作等速转动（图 a）。已知环的角速度 ω、圆环径向截面面积 A 和材料的密度 ρ，试求圆环径向截面上的正应力。

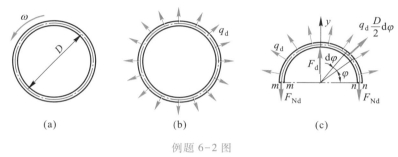

例题 6-2 图

解：（1）惯性力集度

由于圆环作等角速转动，因而环内各点只有向心加速度。又因环壁很薄，故可认为环内各点的向心加速度均与圆环厚度中心线上各点的向心加速度相等。对于等截面圆环，相同长度的任一段的质量相等。于是，根据动静法，作用于环上的惯性力必然为沿圆环中心线均匀分布的线分布力，其指向远离转动中心（图 b）。

沿圆环中心线均匀分布的惯性力集度 q_d 为

$$q_d = A\rho\omega^2\left(\frac{D}{2}\right) = \frac{A\rho\omega^2 D}{2}$$

（2）径向截面上的正应力

由于圆环几何外形、物性及受力的极对称性，用任一直径平面截取半圆环（图 c）。半环上的惯性力沿 y 轴方向的合力为

$$F_d = \int_0^\pi q_d \frac{D}{2}\mathrm{d}\varphi \sin\varphi = \frac{q_d D}{2}\int_0^\pi \sin\varphi\,\mathrm{d}\varphi = q_d D = \frac{A\rho\omega^2 D^2}{2}$$

其作用线与 y 轴重合。

由对称关系可知，半圆环两侧径向截面 $m-m$ 和 $n-n$ 上的轴力相等，其值可由平衡方程 $\sum F_y = 0$ 求得为

$$F_{Nd} = \frac{F_d}{2} = \frac{A\rho\omega^2 D^2}{4}$$

由于环壁很薄,可认为在圆环径向截面 $m-m$（或 $n-n$）上各点处的正应力相等。于是,径向截面上的正应力 σ_d 为

$$\sigma_d = \frac{F_{Nd}}{A} = \frac{\rho\omega^2 D^2}{4}$$

例题 6-3   直径 $d = 100$ mm 的圆轴,一端有重量 $P = 0.6$ kN、直径 $D = 400$ mm 的飞轮,以匀转速 $n = 1\ 000$ r/min 旋转（图a）。现因在轴的另一端施加了制动的扭转外力偶矩 M_d,而在 $t = 0.01$ s 内停车。若轴的质量与飞轮相比很小而可略去不计,试求轴横截面上的最大动切应力 $\tau_{d,max}$。

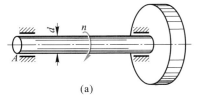

(a)

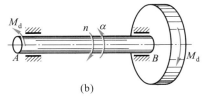

(b)

例题 6-3 图

解:（1）惯性力矩

由于轴在掣动时产生角加速度,由动力学原理可知,若不计轴的质量,则飞轮的惯性力矩为

$$M_d = I_0\alpha \qquad (1)$$

式中, I_0 为飞轮的转动惯量,其单位为 $N \cdot m \cdot s^2$; α 为角加速度,其单位为 rad/s^2。

在掣动时,若为匀减速旋转,则 $\alpha = -\dfrac{\omega}{t}$,而 $\omega = \dfrac{2\pi n}{60}$,故

$$\alpha = -\frac{\pi n}{30t}$$

代入式（1）,得飞轮的惯性力矩为

$$M_d = I_0\left(\frac{\pi n}{30t}\right) \qquad (2)$$

上式仅考虑 M_d 的数值,其转向应与转速 n 的转向相反。

（2）最大动切应力

根据动静法,沿与 α 相反的转向,将惯性力偶矩 M_d 作用于轴上（图 b）,从而得到一个假想的平衡力偶系。由截面法可得轴横截面上的扭矩 T_d 为

$$T_d = M_d = \frac{I_0\pi n}{30t} \qquad (3)$$

由圆轴扭转的切应力公式得轴横截面上的最大动切应力 $\tau_{d,max}$ 为

$$\tau_{d,max} = \frac{T_d}{W_p} = \frac{I_0 \pi n}{\frac{\pi}{16} d^3 \times 30t} = \frac{8I_0 n}{15 d^3 t} \tag{4}$$

根据所给数据,算出飞轮的转动惯量

$$I_0 = \frac{PD^2}{8g} = \frac{600 \text{ N} \times (0.4 \text{ m})^2}{8 \times (9.81 \text{ m/s}^2)} = 1.223 \text{ N} \cdot \text{m} \cdot \text{s}^2$$

与已知数据一起代入式(4),得

$$\tau_{d,max} = \frac{8I_0 n}{15 d^3 t} = \frac{8 \times (1.223 \text{ N} \cdot \text{m} \cdot \text{s}^2) \times (1\,000 \text{ r/min})}{15 \times (0.1 \text{ m})^3 \times (0.01 \text{ s})}$$

$$= 65.2 \times 10^6 \text{ Pa} = 65.2 \text{ MPa}$$

例题 6-4   一长度 $l = 12$ m 的 16 号工字钢,用横截面面积为 $A = 108$ mm^2 的钢索起吊,如图 a 所示,并以等加速度 $a = 10$ m/s^2 上升。若只考虑工字钢的重量而不计吊索自重,试求吊索的动应力,以及工字钢在危险点处的动应力 $\sigma_{d,max}$。欲使工字钢中的 $\sigma_{d,max}$ 减至最小,吊索位置应如何安置?

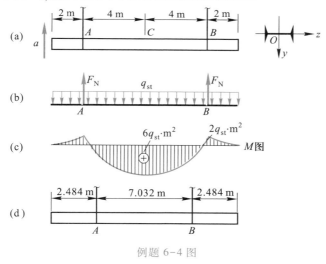

例题 6-4 图

解:(1)动荷因数

根据动静法,将惯性力集度为 $q_d = A\rho a$ 加在工字钢上,使工字钢上的起吊力与其重量和惯性力假想地组成平衡力系。若工字钢单位长度的重量记为 q_{st},则惯性力集度为

$$q_d = q_{st} \frac{a}{g}$$

于是,工字钢上总的均布力集度为

$$q = q_{st} + q_d = q_{st}\left(1 + \frac{a}{g}\right)$$

引入动荷因数

$$K_d = 1 + \frac{a}{g}$$

则

$$q = K_d q_{st}$$

于是,以下的内力、应力计算,可按工字钢自重(静荷载)计算,乘以动荷因数 K_d,即得动荷载(考虑惯性力)下的内力和应力。

(2)吊索的动应力

由对称关系可知,两吊索的轴力 F_N(图 b)相等,其值可由平衡方程

$$\sum F_y = 0, \qquad 2F_N - q_{st}l = 0$$

求得

$$F_N = \frac{1}{2} q_{st} l$$

吊索横截面上的静应力为

$$\sigma = \frac{F_N}{A} = \frac{q_{st}l}{2A}$$

故得吊索的动应力为

$$\sigma_d = K_d \sigma = \left(1 + \frac{a}{g}\right)\frac{q_{st}l}{2A}$$

查型钢表并换算得 $q_{st} = 20.5 \times 9.81$ N/m 及已知数据代入上式,即得

$$\sigma_d = \left(1 + \frac{10 \text{ m/s}^2}{9.81 \text{ m/s}^2}\right) \times \frac{(20.5 \times 9.81 \text{ N/m}) \times (12 \text{ m})}{2 \times 108 \times 10^{-6} \text{m}^2}$$

$$= 2.02 \times (11.2 \times 10^6 \text{ Pa}) = 22.6 \text{ MPa}$$

(3)工字钢的最大动应力

应用动荷因数,工字钢危险截面上危险点处的动应力为

$$\sigma_{d,max} = K_d \sigma_{max} = \left(1 + \frac{a}{g}\right)\frac{M_{max}}{W_z}$$

由工字钢的弯矩图(图 c)可知,$M_{max} = 6q_{st} \cdot \text{m}^2$,并由型钢表查得 $W_z = 21.2 \times 10^{-6}$ m^3 以及已知数据代入上式,即得

$$\sigma_{d,max} = 2.02 \times \frac{(6 \times 20.5 \times 9.81) \text{ N} \cdot \text{m}}{21.2 \times 10^{-6} \text{ m}^3} = 115 \times 10^6 \text{ Pa} = 115 \text{ MPa}$$

欲使工字钢的最大弯矩最小,可将吊索向跨中移动,以增大负弯矩而减小正弯矩,最后使梁在吊索处的负弯矩值与梁跨中点处的正弯矩值相等,即得工字钢

梁的最大弯矩减至最小时的吊索位置,如图 d 所示(参见《材料力学(Ⅰ)》中例题 4-5)。

§6-3　构件受冲击荷载作用时的动应力计算

当运动中的物体碰撞到一静止的构件时,前者的运动将受阻而在瞬间停止运动,这时构件就受到了**冲击作用**。例如,打桩时重锤自一定高度下落与桩顶接触,桩杆就承受很大的**冲击荷载**作用,而被打入地基中。又如,在河流中的浮冰碰撞到桥墩时,桥墩也将受到很大的冲击力作用。在冲击过程中,运动中的物体称为冲击物,而阻止冲击物运动的构件则称为被冲击物。要精确地分析被冲击物的冲击应力和变形,应考虑弹性体内应力波的传播,其计算较为复杂。在工程中,通常采用一种较为粗略但偏于安全的简化计算方法,作为被冲击物内冲击应力的估算。这里就介绍这种简化的计算方法。

设有重量为 P 的重物,从高度 h 自由下落冲击到固定在等截面直杆 AB 下端 B 处的圆盘上,杆 AB 的长度为 l,横截面面积为 A(图 6-2a)。这里的重物是冲击物,而杆 AB(包括圆盘)则为被冲击物。在**冲击应力**的估算中,假定:(1)不计冲击物的变形,且冲击物与被冲击物接触后无回弹;(2)被冲击物的质量与冲击物相比很小可略去不计,而冲击应力瞬时传遍被冲击物,且材料服从胡克定律;(3)在冲击过程中,声、热等能量损耗很小,可略去不计。于是,就可应用机械能守恒定律,来计算冲击荷载作用下被冲击物的最大动位移 Δ_d,及其冲击应力 σ_d。

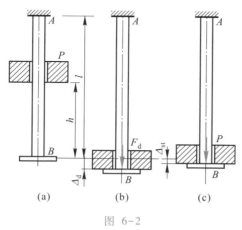

图 6-2

根据上述假设,在冲击过程中,当重物与圆盘接触后速度降为零时,杆的下

端 B 就达到最低位置。这时,杆下端 B 的最大位移(等于杆的伸长)为 Δ_d,与之相应的冲击荷载为 F_d(图 6-2b)。根据机械能守恒定律,冲击物在冲击过程中所减少的动能 E_k 和势能 E_p 应等于被冲击的杆 AB 所增加的应变能 $V_{\varepsilon d}$(因略去了杆的质量,故杆的动能和势能变化也略去不计),即

$$E_k + E_p = V_{\varepsilon d} \tag{a}$$

当杆的下端 B 达到最低位置时,冲击物所减少的势能为

$$E_p = P(h + \Delta_d) \tag{b}$$

由于冲击物的初速度和终速度均等于零,因而,其动能无变化,即

$$E_k = 0 \tag{c}$$

而杆 AB 所增加的应变能,则可通过冲击荷载 F_d 对位移 Δ_d 所作的功来计算。由于材料服从胡克定律,于是有

$$V_{\varepsilon d} = \frac{1}{2} F_d \Delta_d \tag{d}$$

就杆 AB 而言,F_d 与 Δ_d 间的关系为

$$F_d = \frac{EA}{l} \Delta_d \tag{e}$$

将上式代入式(d),即得

$$V_{\varepsilon d} = \frac{1}{2} \left(\frac{EA}{l} \right) \Delta_d^2 \tag{f}$$

将式(b)、式(c)和式(f)代入式(a),即得

$$P(h + \Delta_d) = \frac{1}{2} \left(\frac{EA}{l} \right) \Delta_d^2 \tag{g}$$

注意到 $\dfrac{Pl}{EA} = \Delta_{st}$,即重物 P 作为静荷载作用在杆下端的圆盘时杆 B 端的静位移(即杆的静伸长)(图 6-2c)。于是,式(g)可简化为

$$\Delta_d^2 - 2\Delta_{st}\Delta_d - 2\Delta_{st}h = 0 \tag{h}$$

由上式解得 Δ_d 的两个根,并取其中大于 Δ_{st} 的根,即得

$$\Delta_d = \Delta_{st} \left(1 + \sqrt{1 + \frac{2h}{\Delta_{st}}} \right) \tag{i}$$

将上式中的 Δ_d 代入式(e),即得冲击荷载 F_d 为

$$F_d = \frac{EA}{l} \Delta_{st} \left(1 + \sqrt{1 + \frac{2h}{\Delta_{st}}} \right) \tag{j}$$

显然,$\dfrac{EA}{l}\Delta_{st} = P$,并将上式右端的括号中的表达式记为

$$K_d = 1 + \sqrt{1 + \frac{2h}{\Delta_{st}}} \qquad (6-1)$$

式中，K_d 称为**冲击动荷因数**。于是，式（j）可改写为

$$F_d = K_d P \qquad (k)$$

由此可见，冲击动荷因数 K_d 表示冲击荷载 F_d 与冲击物重量 P 的比值。在自由落体冲击这一特殊情况下，冲击动荷因数 K_d 可按式（6-1）计算。而在其他的冲击问题中，冲击动荷因数的计算公式与式（6-1）并不相同。

求得冲击动荷因数后，杆 AB 横截面上的冲击应力可表达为

$$\sigma_d = \frac{F_d}{A} = K_d \frac{P}{A} = K_d \sigma_{st} \qquad (l)$$

由式（i）、式（k）和式（l）可见，冲击位移、冲击荷载和冲击应力均等于将冲击物的重量 P 作为静荷载作用时，相应的量乘以同一个冲击动荷因数 K_d。由此可见，冲击荷载问题计算的关键，在于确定相应的冲击动荷因数。

由式（6-1）可见，增大相应的静位移 Δ_{st} 值，可降低冲击动荷因数 K_d。因此，为减小冲击的影响，可在杆 AB 的 B 端与圆盘间放置一个弹簧，以增大 Δ_{st} 值。机车、汽车等车辆在车体与轮轴之间均设有缓冲弹簧，以减轻乘客所感受到的由于轨道或路面不平而引起的冲击作用。此外，减小冲击物自由下落的高度 h，也将降低冲击动荷因数 K_d。当 $h \to 0$ 时，即相当于重物骤加在杆件上，称为**骤加荷载**，其冲击动荷因数为

$$K_d = 2 \qquad (m)$$

也即由骤加荷载引起的动应力是将重物缓慢地作用所引起的静应力的 2 倍。

在实际冲击过程中，不可避免地会有声、热等其他能量损耗，因此，被冲击构件内所增加的应变能 $V_{\varepsilon d}$ 将小于冲击物所减少的能量（$E_k + E_p$）。表明由机械能守恒定律所算出的冲击动荷因数 K_d 是偏大的，因而，这种近似计算方法是偏于安全的。

6-2：
"蹦极"的
材料力学
分析

例题 6-5 钢吊索 AC 的下端悬挂一重量为 $P = 20$ kN 的重物（图 a），并以等速度 $v = 1$ m/s 下降。已知吊索内钢丝的横截面面积 $A = 414$ mm^2，材料的弹性模量 $E = 170$ GPa，滑轮的重量可略去不计。当吊索长度 $l = 20$ m 时，滑轮 D 突然被卡住。试求吊索受到的冲击荷载 F_d 及横截面上的冲击应力 σ_d。若在上述情况下，在吊索与重物之间安置一个刚度系数 $k = 300$ kN/m 的弹簧，则吊索受到的冲击荷载又是多少？

解：（1）滑轮被卡住时，吊索的冲击应力

由于滑轮突然被卡住，所以重物下降的速度也将由 v 降到零，而吊索受到冲击。由于吊索的自重与重物的重量相比很小，故可略去不计。

计算在冲击过程中重物（冲击物）所减少的能量，其动能的减少为 $E_k = \dfrac{Pv^2}{2g}$，

其势能的减少为 $E_p = P(\Delta_d - \Delta_{st})$。这里的 Δ_d 为滑轮被卡住后，长度为 l 的一段

吊索（被冲击物）在冲击荷载 F_d 作用下的总伸长（图 a），其与 F_d 间的关系为

$\Delta_d = \dfrac{F_d l}{EA}$；$\Delta_{st}$ 为该段吊索在滑轮被卡住前一瞬间由于重量 P 所引起的静伸长（图

b），与 P 间的关系为 $\Delta_{st} = \dfrac{Pl}{EA}$；而 $(\Delta_d - \Delta_{st})$ 即为重物在冲击过程中下降的距离。

因此，重物在冲击过程中所减少的总能量为

$$E_k + E_p = \frac{Pv^2}{2g} + P(\Delta_d - \Delta_{st})$$

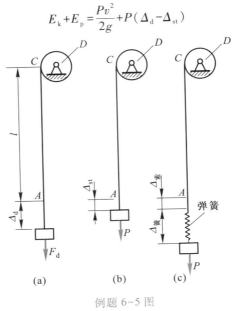

例题 6-5 图

计算在冲击过程中吊索内所增加的应变能 $V_{\varepsilon d}$。在滑轮被卡住前一瞬间，吊

索内已有应变能 $V_{\varepsilon 1} = \dfrac{1}{2}P\Delta_{st}$，而在滑轮被卡住后，吊索内的应变能则增为 $V_{\varepsilon 2} =$

$\dfrac{1}{2}F_d\Delta_d$。吊索内所增加的应变能 $V_{\varepsilon d}$ 为

$$V_{\varepsilon d} = \frac{1}{2}F_d\Delta_d - \frac{1}{2}P\Delta_{st}$$

根据机械能守恒定律，并利用 $F_d = \dfrac{EA}{l}\Delta_d$ 的关系，可得

$$\frac{Pv^2}{2g}+P(\Delta_d-\Delta_{st})=\frac{1}{2}\left(\frac{EA}{l}\Delta_d^2-P\Delta_{st}\right)$$

将上式两端乘以 $\frac{l}{EA}$，并利用 $\Delta_{st}=\frac{Pl}{EA}$ 的关系，可化简为

$$\Delta_d^2-2\Delta_{st}\Delta_d+\Delta_{st}^2\left(1-\frac{v^2}{g\Delta_{st}}\right)=0$$

由此解出 Δ_d 的两个根，并取其中大于 Δ_{st} 的一个，得动位移为

$$\Delta_d=\Delta_{st}\left(1+\sqrt{\frac{v^2}{g\Delta_{st}}}\right)$$

于是，可得动荷因数 K_d 为

$$K_d=\frac{\Delta_d}{\Delta_{st}}=1+\sqrt{\frac{v^2}{g\Delta_{st}}}=1+v\sqrt{\frac{EA}{gPl}}$$

将已知数据及 $g=9.81$ m/s² 代入上式，可得 K_d 为

$$K_d=1+v\sqrt{\frac{EA}{gPl}}=1+(1\text{ m/s})\times\sqrt{\frac{(170\times10^9\text{ Pa})\times(414\times10^{-6}\text{ m}^2)}{(9.81\text{ m/s}^2)\times(20\times10^3\text{ N})\times(20\text{ m})}}$$
$$=5.24$$

于是，吊索受到的冲击荷载 F_d 为

$$F_d=K_dP=5.24\times20\text{ kN}=104.8\text{ kN}$$

吊索横截面上的冲击应力为

$$\sigma_d=\frac{F_d}{A}=\frac{104.8\times10^3\text{ N}}{414\times10^{-6}\text{ m}^2}=253.1\times10^6\text{ Pa}=253.1\text{ MPa}$$

由于吊索材料的比例极限一般均高于 253.1 MPa，所以可按上述方法计算动荷因数。

（2）安装弹簧后，吊索冲击荷载

在吊索与重物间安置一个刚度系数 $k=300$ kN/m 的弹簧（图 c），则当吊索长度 $l=20$ m 时，滑轮被突然卡住前瞬间，由重物 P 所引起的静伸长应为吊索的伸长量与弹簧沿重物 P 方向的位移之和，即

$$\Delta_{st}=\frac{Pl}{EA}+\frac{P}{k}=\frac{(20\times10^3\text{ N})\times(20\text{ m})}{(170\times10^9\text{ Pa})\times(414\times10^{-6}\text{ m}^2)}+\frac{20\times10^3\text{ N}}{300\times10^3\text{ N/m}}$$
$$=0.072\ 35\text{ m}$$

于是便可得安置有弹簧时的动荷因数 K_d 为

$$K_d=1+v\sqrt{\frac{1}{g\Delta_{st}}}=1+(1\text{ m/s})\times\sqrt{\frac{1}{(9.81\text{ m/s}^2)\times(0.072\ 35\text{ m})}}=2.19$$

吊索受到的冲击荷载 F_d 为

$$F_d=K_dP=2.19\times20\text{ kN}=43.8\text{ kN}$$

表明在吊索与重物之间增设缓冲弹簧后,使重物在冲击过程中所减少的能量,大部分转变为弹簧的应变能,从而降低了吊索在冲击过程中所增加的应变能,使动荷因数降低 58.2%。

例题 6-6 弯曲刚度为 EI 的简支梁如图 a 所示。重量为 P 的冲击物从距梁顶面 h 处自由落下,冲击到简支梁跨中点 C 处的顶面上。(不计梁和弹簧的自重。)试求 C 处的最大挠度 Δ_d。若梁的两端支承在刚度系数为 k 的弹簧上,则梁受冲击时中点处的最大挠度又为多少?

解:(1)冲击挠度

冲击物的速度降为零时,冲击点 C 处的冲击挠度达到最大值 Δ_d,与之相应的冲击荷载值为 F_d(图 b)。假设梁在最大位移时仍在线弹性范围内,则重物 P 落至最大位移位置时所减少的势能 E_p,将等于积蓄在梁内的应变能 $V_{\varepsilon d}$,即

例题 6-6 图

$$V_{\varepsilon d} = E_p \tag{1}$$

重物 P 落至最大位移位置($h+\Delta_d$)时所减少的势能为

$$E_p = P(h+\Delta_d) \tag{2}$$

由于在冲击过程中,力 F_d 与位移 Δ_d 都由零增至最大值,所以当梁在线弹性范围时,$V_{\varepsilon d} = \dfrac{1}{2}F_d\Delta_d$。而梁的 Δ_d 与 F_d 间关系为

$$\Delta_d = \frac{F_d l^3}{48EI} \tag{3}$$

或

$$F_d = \frac{48EI}{l^3}\Delta_d \tag{4}$$

将式(4)中的 F_d 代入 $V_{\varepsilon d}$ 的表达式,得

$$V_{\varepsilon d} = \frac{1}{2}\left(\frac{48EI}{l^3}\right)\Delta_d^2 \tag{5}$$

将式(2)、式(5)两式代入式(1),得

$$P(h+\Delta_d) = \frac{1}{2}\left(\frac{48EI}{l^3}\right)\Delta_d^2 \tag{6}$$

或

$$\frac{Pl^3}{48EI}(h+\Delta_d) = \frac{1}{2}\Delta_d^2 \tag{6}$$

将式(6)左端的 $\dfrac{Pl^3}{48EI}$ 用 Δ_{st} 替代，Δ_{st} 为将冲击物的重量 P 当作静荷载时，梁在被冲击点 C 处的静挠度(图 c)。于是，可将式(6)改写为

$$\Delta_{\mathrm{d}}^2 - 2\Delta_{\mathrm{st}}\Delta_{\mathrm{d}} - 2\Delta_{\mathrm{st}}h = 0 \tag{7}$$

由此解得 Δ_{d} 的两个根，并取其中大于 Δ_{st} 的一个，得

$$\Delta_{\mathrm{d}} = \left(1 + \sqrt{1 + \dfrac{2h}{\Delta_{\mathrm{st}}}}\right)\Delta_{\mathrm{st}} \tag{8}$$

于是得动荷因数 K_{d} 为

$$K_{\mathrm{d}} = 1 + \sqrt{1 + \dfrac{2h}{\Delta_{\mathrm{st}}}} \tag{9}$$

而式(8)可改写为

$$\Delta_{\mathrm{d}} = K_{\mathrm{d}}\Delta_{\mathrm{st}} \tag{10}$$

由式(9)可见，动荷因数 K_{d} 与式(6-1)相同，在本题中，Δ_{st} 表示梁在冲击点处的静挠度。

(2) 安置弹簧后的冲击挠度

若梁的两端支承在两个刚度系数相同的弹簧上，则梁在冲击点处沿冲击方向的静位移，应由梁跨中截面的静挠度和两端支承弹簧的缩短量两部分组成，即

$$\Delta_{\mathrm{st}} = \dfrac{Pl^3}{48EI} + \dfrac{P}{2k} \tag{11}$$

Δ_{st} 代入式(11)，即得动荷因数 K_{d} 为

$$K_{\mathrm{d}} = 1 + \sqrt{1 + \dfrac{2h}{Pl^3/(48EI) + P/(2k)}} \tag{12}$$

将式(11)和式(12)代入式(10)，便可得到两端支承在两个刚度系数相同的弹簧上的梁跨中点处的最大挠度为

$$\Delta_{\mathrm{d}} = K_{\mathrm{d}}\Delta_{\mathrm{st}} = \left(1 + \sqrt{1 + \dfrac{2h}{Pl^3/(48EI) + P/(2k)}}\right)\left(\dfrac{Pl^3}{48EI} + \dfrac{P}{2k}\right) \tag{13}$$

为了定量地说明问题，设 $P = 2$ kN，$h = 20$ mm，$EI = 5.25 \times 10^3$ kN · m^2，$k = 300$ kN/m，$l = 3$ m。将已知数据代入上式，可分别求得该梁的冲击动荷因数为

无弹簧支承时　　　$K_{\mathrm{d}} = 14.7$

有弹簧支承时　　　$K_{\mathrm{d}} = 4.5$

以上结果充分说明梁在有弹簧支承时，弹簧起到了很大的缓冲作用。

本题为自由落体冲击，可直接应用自由落体时的冲击动荷因数式(6-1)进行计算，建议读者自行验算。

例题 6-7　若例题 6-3 中的 AB 转轴在 A 端被骤然刹车卡紧，试求轴内的

最大切应力。已知轴长 $l = 2$ m，轴的切变模量 $G = 80$ GPa，轴的质量可略去不计。

解： 当在 A 端被骤然刹车卡紧时，可以认为 B 端飞轮的动能全部转变为轴的应变能而使轴受到扭转冲击，即

$$\frac{1}{2}I_0\omega^2 = \frac{T_d^2 l}{2GI_p}$$

由此得

$$T_d = \omega\sqrt{\frac{I_0 GI_p}{l}}$$

轴横截面上的最大切应力为

$$\tau_{d,max} = \frac{T_d}{W_p} = \frac{\omega}{\pi d^3/16}\sqrt{\frac{I_0 G\pi d^4/32}{l}} = \frac{\omega}{d}\sqrt{\frac{8I_0 G}{\pi l}}$$

由此可见，在扭转冲击时，轴内最大冲击切应力与飞轮的转动惯量 I_0、轴的直径 d 和轴的长度 l 等因素有关。将已知数据代入上式，可得

$$\tau_{d,max} = \frac{\pi(1\,000\text{ r/min})/30}{0.1\text{ m}} \times \sqrt{\frac{8 \times (1.223\text{ N}\cdot\text{m}\cdot\text{s}^2) \times (80 \times 10^9\text{ Pa})}{\pi(2\text{ m})}}$$

$$= 370 \times 10^6\text{ Pa} = 370\text{ MPa}$$

与例题 6-3 相比较，可见骤停时轴内最大冲击切应力 $\tau_{d,max}$ 为前例之 5.7 倍。对一般轴用钢材而言，其许用切应力 $[\tau] = 80\sim100$ MPa，骤然刹车时的 $\tau_{d,max}$ 早已超过了许用切应力。因此，为了保证轴的安全，在停车时应尽量避免骤然刹车。

例题 6-8　一下端固定、长度为 l 的铅直圆截面杆 AB，在 C 点处被一物体 G 沿水平方向冲击（图 a）。已知 C 点到杆下端的距离为 a，物体 G 的重量为 P，物体 G 在与杆接触时的速度为 v。试求杆在危险点处的冲击应力。

解：（1）动荷因数

在冲击过程中，物体 G 的速度由 v 减小为零，所以动能的减少为 $E_k = \dfrac{Pv^2}{2g}$。又因冲击是沿水平方向的，所以物体的势能没有改变，也即 $E_p = 0$。

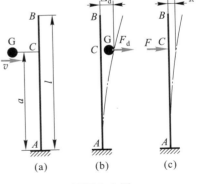

例题 6-8 图

杆内应变能为 $V_{\varepsilon d} = \dfrac{1}{2}F_d\Delta_d$。由于其

中 Δ_d 为杆在被冲击点 C 处的冲击挠度（图 b），其与 F_d 间的关系为 $\Delta_d = \dfrac{F_d a^3}{3EI}$，由

此得 $F_d = \dfrac{3EI}{a^3}\Delta_d$。于是,可得杆内的应变能为

$$V_{\varepsilon d} = \frac{1}{2}F_d\Delta_d = \frac{1}{2}\left(\frac{3EI}{a^3}\right)\Delta_d^2$$

由机械能守恒定律可得

$$\frac{Pv^2}{2g} = \frac{1}{2}\left(\frac{3EI}{a^3}\right)\Delta_d^2$$

由此解得 Δ_d 为

$$\Delta_d = \sqrt{\frac{v^2}{g}\left(\frac{Pa^3}{3EI}\right)} = \sqrt{\frac{v^2}{g}\Delta_{st}} = \Delta_{st}\sqrt{\frac{v^2}{g\Delta_{st}}}$$

式中,$\Delta_{st} = \dfrac{Pa^3}{3EI}$,是杆在 C 点处受到一个数值等于冲击物重量 P 的水平力 F(即 $F=P$)作用时,该点的静挠度(图 c)。由上式即得杆在水平冲击情况下的动荷因数 K_d 为

$$K_d = \frac{\Delta_d}{\Delta_{st}} = \sqrt{\frac{v^2}{g\Delta_{st}}}$$

(2)冲击应力

当杆在 C 点处受水平力 P 作用时,杆的固定端横截面最外边缘(即危险点)处的静应力为

$$\sigma_{st} = \frac{M_{max}}{W} = \frac{Pa}{W}$$

于是,杆在上述危险点处的冲击应力 σ_d 为

$$\sigma_d = K_d\sigma_{st} = \sqrt{\frac{v^2}{g\Delta_{st}}}\frac{Pa}{W}$$

§6-4　交变应力下材料的疲劳破坏·疲劳极限

Ⅰ.金属材料的疲劳破坏

在工程中,有些构件内的应力随时间作交替变化。例如,桥梁或吊车梁在可变荷载(活荷载)作用下,其构件内的应力随时间而交替变化。又如,车轴所受的荷载虽不随时间改变,但由于车轴本身的旋转,轴横截面上任一点(除轴心外)的位置随时间而改变,因此,该点处的弯曲应力也随时间作周期性的变化。这种随时间作交替变化的应力,统称为交变应力。实践表明,金属材料若长期处于交变应力作用下,则在最大工作应力远低于材料的屈服强度,且不产生明显的塑性变形情况

6-3:
疲劳破坏
研究的历
史

下,也有可能发生骤然断裂。这种破坏,称为疲劳破坏。例如,气锤的锤杆、钢轨及螺圈弹簧等构件都曾发生过疲劳破坏,分别如图 6-3a、b 和 c 所示①。

(a)　　　　　　　　　　(b)　　　　　　　　　(c)

图 6-3

　　交变应力下的疲劳破坏不同于静荷载下的破坏,其主要特征为:(1) 构件内的最大工作应力远低于静荷载下材料的强度极限或屈服强度;(2) 即使是塑性较好的钢材,疲劳破坏也是在没有明显塑性变形的情况下突然发生的;(3) 疲劳破坏的断口表面呈现两个截然不同的区域,其一是光滑区,另一是晶粒状的粗糙区。图 6-3a、b 和 c 分别表示气锤杆在拉伸-压缩、钢轨在弯曲和螺圈弹簧在扭转交变应力作用下的疲劳破坏断口。从图中可见,断口表面都具有上述特征。

　　关于疲劳破坏的机理,早期曾误以为是材料经过长期服役后,由于疲劳而引起材质脆化,从而导致骤然脆断。后来的实验表明,材料疲劳破坏后的力学性能并无改变,因而否定了早期的错误认识,但习惯上仍将这类破坏称为疲劳破坏。近代的实验研究表明,疲劳破坏实质上是构件在交变应力作用下,由疲劳裂纹源的形成、疲劳裂纹的扩展以及最后的脆断,这三个阶段所组成的破坏过程。

　　对于表面经过精加工的构件,金属材料中最不利位置处的晶粒在最大切应力的交替变化下,当应力超过一定水平时,将沿该应力所在平面发生循环滑移。经过应力的多次交替变化后,就在这些最不利位置的晶粒内产生微观的疲劳裂纹。对于有些构件,由于设计不当造成的应力集中区或材质存在缺陷的部位,也有可能在正常工作应力水平下产生微观的疲劳裂纹。图 6-4 所示金相显微镜下观察到的晶粒中的斜裂纹,即是由循环滑移所引起的微观疲劳裂纹,其方向与最大主拉应力方向约成 45°角,即在最大切应力所在平面内。这种斜裂纹扩展到一定深度后,将转为沿垂直于最大主拉应力方向扩展的平裂纹。这就是疲劳

① 取自 Hetenyi, M. Handbook of Experimental Stress Analysis。

裂纹源形成的过程。如果材料有表面损伤、夹杂物、热加工造成的微裂纹等缺陷,则这些缺陷本身就是疲劳裂纹源,有可能从这里开始就直接扩展成为宏观的疲劳裂纹。

当应力交替变化时,裂纹两表面的材料将时而压紧,时而张开。由于材料的相互反复压紧,就形成了断口表面的光滑区域。因而该区域为最后断裂前已经形成的疲劳裂纹扩展区。

在疲劳破坏过程的最后阶段,位于疲劳裂纹尖端区域内的材料处于高度的应力集中状态,而且通常处于三轴拉伸的应力状态下,所以,当疲劳裂纹扩展到一定深度时,在正常的最大工作应力下,可能发生骤然扩展,从而引起剩余截面的脆性断裂。断口表面的粗晶粒状区域即为发生脆性断裂的剩余截面。

σ_1 为最大主拉应力

图 6-4

II. 交变应力的基本参量·疲劳极限

交变应力作用下的疲劳破坏与静应力下的破坏迥然不同,因此,表征材料抵抗破坏能力的强度指标也不同。而且,金属的疲劳破坏与交变应力中的应力水平、应力变化情况以及应力循环次数等有关。为此,先介绍有关交变应力中应力变化情况的基本参量。

设一简支梁上放置重量为 P 的电动机,电动机转动时引起的干扰力为 $F_0\sin\omega t$,梁将产生受迫振动(图 6-5a)。梁跨中截面下边缘危险点处的拉应力将随时间作周期性的变化(图 6-5b),这种应力随时间变化的曲线,称为**应力谱**。

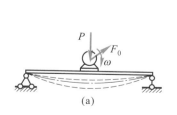

(a)

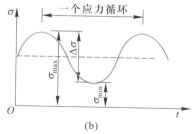

(b)

图 6-5

由应力谱(图 6-5b)可见,梁危险截面上危险点处的应力,在某一固定的最大值 $\sigma_{\max}$ 与最小值 $\sigma_{\min}$ 之间作周期性的变化。应力每重复变化一次,称为一个应力循环。应力循环中最小应力与最大应力的比值,称为交变应力的应力比或循环特征,并用 r 表示,即在拉、压或弯曲交变应力作用下

$$r = \frac{\sigma_{\min}}{\sigma_{\max}} \qquad (6-2a)$$

在扭转交变应力作用下

$$r = \frac{\tau_{\min}}{\tau_{\max}} \qquad (6-2b)$$

交变应力中的应力交替变化的程度,可用最大应力与最小应力的差值来表示,称为交变应力的应力幅[1],即

$$\Delta\sigma = \sigma_{\max} - \sigma_{\min} \qquad (6-3a)$$

或

$$\Delta\tau = \tau_{\max} - \tau_{\min} \qquad (6-3b)$$

交变应力的基本参量,通常用最大应力($\sigma_{\max}$ 或 $\tau_{\max}$)和应力比 r 来表示,也可用最大应力和应力幅来表示。值得注意的是,最大应力和最小应力都是带正负号的,这里以绝对值较大者为最大应力,并规定它为正号,而与正号应力反向的最小应力则为负号。

在交变应力作用下,若最大应力与最小应力等值而反号($\sigma_{\min} = -\sigma_{\max}$,或 $\tau_{\min} = -\tau_{\max}$),则应力比

$$r = \frac{\sigma_{\min}}{\sigma_{\max}} = -1 \qquad (6-4)$$

$r = -1$ 时的交变应力(图 6-6a),称为对称循环交变应力。凡 $r \neq -1$ 的交变应力,统称为非对称循环交变应力。若非对称循环交变应力中的最小应力等于零(如图 6-6b 中 $\sigma_{\min} = 0$),则其应力比 $r = 0$,称为脉动循环交变应力。显然,$r > 0$ 为同号应力循环,而 $r < 0$ 为异号应力循环。构件在静应力下,各点处的应力保持恒定,即 $\sigma_{\max} = \sigma_{\min}$。若将静应力视作交变应力的一种特例,则其应力比 $r = +1$。

金属材料在交变应力作用下的疲劳强度,除与材料本身的材质有关外,还与变形形式、应力比和应力循环次数有关。材料在交变应力作用下的疲劳强度可用疲劳试验来测定,如材料在对称循环弯曲交变应力时的疲劳强度可按《金属材料　疲劳试验　旋转弯曲方法》(GB/T 4337—2008)来测定。显然,试样所受

---

[1]　有时称 $\sigma_a = \frac{1}{2}(\sigma_{\max} - \sigma_{\min})$ 为应力幅,并称 $\Delta\sigma = \sigma_{\max} - \sigma_{\min} = 2\sigma_a$ 为应力范围。

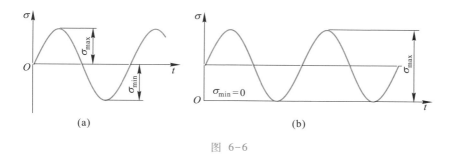

图 6-6

交变应力中的最大应力(如 σ_{max})越高,疲劳破坏所经历的应力循环次数 N 就越低。试样疲劳破坏时所经历的应力循环次数,称为材料的**疲劳寿命**。通过测定一组承受不同最大应力的试样的疲劳寿命,以最大应力(如 σ_{max})为纵坐标,以疲劳寿命 N 为横坐标(通常用对数坐标),便可绘出材料在交变应力下的应力-疲劳寿命曲线,即 S-N 曲线(S 代表正应力 σ 或切应力 τ)。40Cr 钢在对称循环弯曲交变应力下的 S-N 曲线,如图6-7所示。

6-5:
疲劳计算
的 Paris 公
式

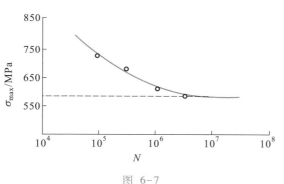

图 6-7

由图 6-7 可见,当最大应力降低至某一值后,S-N 曲线趋于水平,表示材料可经历无限次应力循环而不发生疲劳破坏,相应的最大应力值 σ_{max} 称为材料的**疲劳极限**,并用 σ_r 表示。下标 r 代表交变应力的应力比,如对称循环 $r = -1$,材料的弯曲疲劳极限就记为 $(\sigma_{-1})_b$。

对于常用的低碳钢材料,其拉伸强度极限为 $\sigma_b = 400 \sim 500$ MPa,在对称循环弯曲交变应力作用下,其疲劳极限为 $(\sigma_{-1})_b = 170 \sim 220$ MPa;而在对称循环拉伸-压缩交变应力作用下的疲劳极限为 $(\sigma_{-1})_t = 120 \sim 160$ MPa。

试验表明,对于钢和铸铁等黑色金属,S-N 曲线一般都具有趋于水平的特点。而对于铝合金等有色金属,S-N 曲线通常没有明显的水平部分,一般规定

疲劳寿命 $N_0 = 5 \times 10^6 \sim 10^7$ 时的最大应力值为条件疲劳极限，并用 $\sigma_r^{N_0}$ 表示，上标 N_0 代表相应的疲劳寿命。应该指出，由疲劳试验测得的是材料的疲劳极限。而根据前面对疲劳破坏过程的分析可知，疲劳裂纹源往往是在局部的高应力区形成的，在高应力区内的最大应力远远超过按等截面直杆公式计算的交变应力中的最大应力。因此，在构件截面有急剧改变处的应力集中、加工中留下的刀痕或刻痕处的应力集中，以及构件在焊接、气割或校正调直时引起的残余应力，都将影响构件的疲劳极限。另外，构件的几何尺寸、海洋等腐蚀性工作环境等因素，也将降低构件的疲劳极限。传统疲劳设计中，大多验算交变应力的最大应力，通常的做法是在材料疲劳极限的基础上，考虑应力集中、构件尺寸、表面加工及腐蚀环境等影响因素，以求得构件的疲劳极限。然后，再考虑适当的安全因数，以确定构件的疲劳许用应力。在建立疲劳强度条件时，则对名义应力进行验算。

20 世纪 60 年代以来，钢结构的焊接工艺得到广泛应用。由于焊缝附近往往存在焊接残余应力，钢结构的疲劳裂纹多从焊缝处萌生和发展，因而，在疲劳强度计算中应考虑到焊缝残余应力的影响。在这种情况下，就不宜再按循环应力中的最大应力来建立疲劳强度条件，因为叠加上残余应力后，最大应力往往已达到材料的屈服极限 σ_s。实验结果表明，焊接钢结构构件及其连接，在焊缝处的疲劳裂纹扩展规律及疲劳寿命都是由循环应力的应力幅控制的。为此，钢结构设计规范就改用许用应力幅法代替原来所用的许用最大应力法进行疲劳计算。下节就介绍这种方法在钢结构疲劳计算中的应用。

§6-5　钢结构构件及其连接的疲劳计算

在交变应力下的焊接钢结构构件及其连接，由于要计及焊缝附近处的焊接残余应力，因此，在疲劳计算中，通常认为应力循环中的最大应力已达到材料的屈服极限 σ_s，于是，应按应力幅来建立疲劳强度条件。在应力循环中的应力幅若保持为常数，这种情况下的疲劳便称为常幅疲劳，而当应力幅有起伏时，则称为变幅疲劳（参见图 6-9）。两种情况下的疲劳计算是不同的。

1. 对于常幅疲劳，在常温、无腐蚀环境下的等幅疲劳试验表明，在循环次数 $N \leqslant 5 \times 10^6$ 的情况下，引起疲劳破坏的应力幅 $\Delta\sigma$ 与循环次数 N 之间在双对数坐标中的关系是斜率为 $-1/\beta$ 的直线（图 6-8），其表达式为

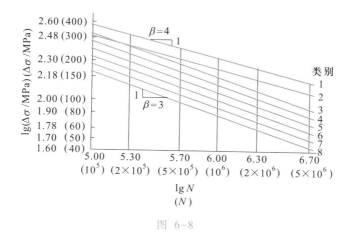

图 6-8

$$\lg \Delta\sigma = \frac{1}{\beta}(\lg a - \lg N) \qquad (6-5\text{a})$$

或写成

$$\Delta\sigma = \left(\frac{a}{N}\right)^{1/\beta} \qquad (6-5\text{b})$$

式中,β 和 a 是两个参数,$(\lg a)/\beta$ 为上述直线在 $\Delta\sigma$ 轴上的截距。

考虑到疲劳试验数据分布的统计规律和疲劳破坏的概率因素,引进合适的安全因数后,从式(6-5b)可得在 $N \leqslant 5 \times 10^6$ 的情况下,常幅疲劳许用应力幅的实用表达式为

$$[\Delta\sigma] = \left(\frac{C}{N}\right)^{1/\beta} \qquad (6-6)$$

式中,C 是与构件和连接的种类及其受力情况有关的参数,参数 C 和 β 的值列于表 6-1 中。该式适用于焊接钢结构的各类构件和连接。

2. 在循环次数 $5 \times 10^6 < N \leqslant 1 \times 10^8$ 的情况下,表达式为

$$[\Delta\sigma] = \left[([\Delta\sigma]_{5 \times 10^6})^2 \frac{C}{N} \right]^{1/(\beta+2)} \qquad (6-7)$$

3. 在循环次数 $N > 1 \times 10^8$ 的情况下,表达式为

$$[\Delta\sigma] = [\Delta\sigma_{\text{L}}] \qquad (6-8)$$

对模拟各种构件和连接的试样进行疲劳的试验结果表明:应力集中程度和残余应力的变化规律等因素,都影响到在双对数坐标中 $\lg \Delta\sigma - \lg N$ 直线的高低及斜率。根据上述试验所得到的大量数据,经过统计分析,并引进合适的安全因数后,在钢结构设计规范中,将不同受力情况的钢结构和连接划分为 14 类,每一

类的 $\lg[\Delta\sigma]$-$\lg N$ 在双对数坐标中的关系,在 $N\leqslant5\times10^6$ 情况下均如图 6-8 中的直线所示。

对于只有切应力循环时,在 $N\leqslant1\times10^8$ 情况下,常幅疲劳许用切应力幅表达式为

$$[\Delta\tau]=\left(\frac{C}{N}\right)^{1/\beta} \tag{6-9}$$

在循环次数 $N>1\times10^8$ 情况下,表达式为

$$[\Delta\tau]=[\Delta\tau_{\mathrm{L}}] \tag{6-10}$$

表 6-1　正应力幅的疲劳计算参数值

构件与连接类别	构件与连接相关系数		循环次数 N 为 2×10^6 次的容许正应力幅 $[\Delta\sigma]_{2\times10^6}$/MPa	循环次数 N 为 5×10^6 次的容许正应力幅 $[\Delta\sigma]_{5\times10^6}$/MPa	疲劳截止限 $1\times10^8[\Delta\sigma_{\mathrm{L}}]_{1\times10^8}$/MPa
	C	β			
Z1	$1\,920\times10^{12}$	4	176	140	85
Z2	861×10^{12}	4	144	115	70
Z3	3.91×10^{12}	3	125	92	51
Z4	2.81×10^{12}	3	112	83	46
Z5	2.00×10^{12}	3	100	74	41
Z6	1.46×10^{12}	3	90	66	36
Z7	1.02×10^{12}	3	80	59	32
Z8	0.72×10^{12}	3	71	52	29
Z9	0.50×10^{12}	3	63	46	25
Z10	0.35×10^{12}	3	56	41	23
Z11	0.25×10^{12}	3	50	37	20
Z12	0.18×10^{12}	3	45	33	18
Z13	0.13×10^{12}	3	40	29	16
Z14	0.09×10^{12}	3	36	26	14

表 6-2　切应力幅值的疲劳计算参数值

构件与连接类别	构件与连接的相关系数		循环次数 N 为 2×10^6 次的容许切应力幅 $[\Delta\tau]_{2\times10^6}$/MPa	疲劳截止限 $[\Delta\tau_L]_{1\times10^8}$/MPa
	C	β		
J1	4.10×10^{11}	3	59	16
J2	2.00×10^{16}	5	100	46
J3	8.61×10^{21}	8	90	55

表 6-3　构件和连接的分类——纵向传力焊缝的构件及连接分类

项次	构造细节	说明	类别
6		• 无垫板的纵向对接焊缝附近的母材焊缝符合二级焊缝标准	Z2
7		• 有连续垫板的纵向自动对接焊缝附近的母材 （1）无起弧、灭弧 （2）有起弧、灭弧	Z4 Z5
8		• 翼缘连接焊缝附近的母材 翼缘板与腹板的连接焊缝 自动焊，二级 T 字形对接与角接组合焊缝 自动焊，角焊缝，外观质量标准符合二级 手工焊，角焊缝，外观质量标准符合二级 双层翼缘板之间的连接焊缝 自动焊，角焊缝，外观质量标准符合二级 手工焊，角焊缝，外观质量标准符合二级	Z2 Z4 Z5 Z4 Z5

续表

项次	构造细节	说明	类别
9		• 仅单侧施焊的手工或自动对接焊缝附近的母材,焊缝符合二级焊缝标准,翼缘与腹板很好贴合	Z5
10		• 开工艺孔处焊缝符合二级焊缝标准的对接焊缝、焊缝外观质量符合二级焊缝标准的角焊缝等附近的母材	Z8
11		• 节点板搭接的两侧面角焊缝端部的母材 • 节点板搭接的三面围焊时两侧角焊缝端部的母材 • 三面围焊或两侧面角焊缝的节点板母材(节点板计算宽度按应力扩散角 $\theta = 30°$ 考虑)	Z10 Z8 Z8

注:1. 该表只列出了纵向传力焊缝的构件及连接分类,其余情况可查阅《钢结构设计标准》(GB 50017—2017)。

2. 箭头表示计算应力幅的位置和方向。

3. 所有对接焊缝及 T 字形对接和角接组合焊缝均需焊透。

4. 切应力幅 $\Delta\tau = \tau_{max} - \tau_{min}$,其中 τ_{min} 的正负号为:与 τ_{max} 同方向时,取正值;与 τ_{max} 反方向时,取负值。

　　今以纵向传力焊缝的构件及连接为例,说明钢结构的疲劳计算。可根据构件和连接的类别,通过表 6-3 查得其对应的构件连接类别。然后,再查表 6-1,

查得常幅疲劳许用正应力幅的表达式(6-6)、式(6-7)和式(6-8)中的参数 C 和 β 等,则可计算出相应的常幅疲劳许用正应力值。

于是,常幅正应力疲劳强度条件为

$$\Delta\sigma \leqslant \gamma_t[\Delta\sigma] \qquad (6-11)$$

式中,$\Delta\sigma$ 为校核疲劳强度的危险点处应力循环中的应力幅,对于焊接部位 $\Delta\sigma = \sigma_{max} - \sigma_{min}$,对于非焊接部位则取 $\Delta\sigma = \sigma_{max} - 0.7\sigma_{min}$。其中的 σ_{max}、σ_{min} 按弹性状态计算,分别为计算部位在每次应力循环中的最大拉应力(取正值)、最小拉应力或压应力(拉应力取正值,压应力取负值)。另外,γ_t 为板厚或直径修正系数,按下列规定采用:

a)对于横向角焊缝连接和对接焊缝连接,当连接板厚 t 超过 25 mm 时,应该下式计算:

$$\gamma_t = \left(\frac{25}{t}\right)^{0.25} \qquad (6-12)$$

b)对于螺栓轴向受拉连接,当螺栓的公称直径 d 大于 30 mm 时,应按下式计算:

$$\gamma_t = \left(\frac{30}{d}\right)^{0.25} \qquad (6-13)$$

c)其余情况取 $\gamma_t = 1.0$。

而常幅切应力疲劳强度条件为

$$\Delta\tau \leqslant [\Delta\tau] \qquad (6-14)$$

$[\Delta\tau]$ 为许用切应力幅,按式(6-9)和式(6-10)计算。

在钢结构设计规范的一般规定中指出,当应力变化的循环次数 $N \geqslant 5\times10^4$ 时,应进行疲劳计算。而在应力循环中不出现拉应力的部位,则可不必验算疲劳强度。

例题 **6-9** 一焊接箱形钢梁在跨中截面受到 $F_{min} = 10$ kN 和 $F_{max} = 100$ kN 的常幅交变荷载作用,跨中截面对其形心主轴 z 的惯性矩 $I_z = 68.5\times10^{-6}$ m^4,如图 a、b 所示。该梁由手工焊接而成,属第 5 类构件,若欲使构件在服役期限内,能经受 2×10^6 次交变荷载作用,试校核其疲劳强度。

解:(1)计算跨中截面危险点处的应力幅

跨中截面的下翼缘周边上各点处的正应力相等,且为该截面上的最大拉应力。现以 a 点为研究对象。当 $F_{min} = 10$ kN 作用时,a 点的应力为

$$\sigma_{min} = \frac{M_{min}y_a}{I_z} = \frac{(5\times10^3 \text{ N})\times(0.875 \text{ m})\times(0.101\ 5 \text{ m})}{68.5\times10^{-6} \text{ m}^4} = 6.48\times10^6 \text{ Pa} = 6.48 \text{ MPa}$$

当梁的跨中荷载增大到 $F_{max} = 100$ kN 时,a 点处的应力为

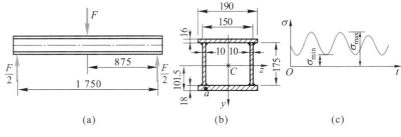

例题 6-9 图

$$\sigma_{\max} = \frac{M_{\max}y_a}{I_z} = \frac{(50 \times 10^3 \text{ N}) \times (0.875 \text{ m}) \times (0.101\ 5 \text{ m})}{68.5 \times 10^{-6} \text{ m}^4} = 64.83 \times 10^6 \text{ Pa} = 64.83 \text{ MPa}$$

因此，a 点处的应力随时间而变化的规律如图 c 所示，即为非对称循环交变应力。根据式（6-3a），可得该点处的应力幅为

$$\Delta\sigma = \sigma_{\max} - \sigma_{\min} = 64.83 \text{ MPa} - 6.48 \text{ MPa} = 58.35 \text{ MPa}$$

（2）确定许用应力幅 $[\Delta\sigma]$，并校核跨中截面的疲劳强度

因该焊接钢梁属第 5 类构件，从表 6-1 中查出

$$C = 2.00 \times 10^{12}$$

$$\beta = 3$$

将 C 和 β 值代入式（6-6），可得焊接钢梁的常幅疲劳许用应力幅为

$$[\Delta\sigma] = \left(\frac{C}{N}\right)^{1/\beta} = \left(\frac{2.00 \times 10^{12}}{2 \times 10^6}\right)^{1/3} \text{ MPa} = 100.0 \text{ MPa}$$

将工作应力幅与许用应力幅比较，且 $\gamma_t = 1$，显然

$$\Delta\sigma < [\Delta\sigma]$$

因此，该焊接钢梁在服役期限内，跨中截面能满足疲劳强度要求。

对于应力循环中的应力幅随时间而变化的变幅疲劳（其应力谱如图 6-9 所示），若以其中的最大应力幅按常幅疲劳进行计算，显然过于保守。如果能实测或预测结构在使用寿命期间各种荷载的频率分布、应力幅水平及频率分布总和所构成的设计用应力谱，则可按线性累积损伤律，将其折算为等效常幅疲劳，例如，折算成循环次数 N 为 2×10^6 的等效常幅疲劳，可按下式进行疲劳强度计算：

正应力幅的疲劳计算：

$$\Delta\sigma_e \leqslant \gamma_t [\Delta\sigma]_{2 \times 10^6} \tag{6-15}$$

$$\Delta\sigma_e = \left[\frac{\sum n_i(\Delta\sigma_i)^\beta + ([\Delta\sigma]_{5 \times 10^6})^{-2} \sum n_j(\Delta\sigma_j)^{\beta+2}}{2 \times 10^6}\right]^{1/\beta} \tag{6-16}$$

切应力幅的疲劳计算：

$$\Delta\tau_e \leqslant [\Delta\tau]_{2 \times 10^6} \tag{6-17}$$

$$\Delta\tau_e = \left[\frac{\sum n_i (\Delta\tau_i)^\beta}{2\times 10^6}\right]^{1/\beta} \qquad (6-18)$$

式中：

$\Delta\sigma_e$——由变幅疲劳预期使用寿命(总循环次数 $N = \sum n_i + \sum n_j$)折算成循环次数 N 为 2×10^6 次的等效正应力幅；

$[\Delta\sigma]_{2\times 10^6}$——循环次数 N 为 2×10^6 次的容许正应力幅；

$\Delta\sigma_i$、n_i——应力谱中循环次数 $N \leqslant 5\times 10^6$ 范围内的正应力幅 $\Delta\sigma_i$ 及其频次；

$\Delta\sigma_j$、n_j——应力谱中循环次数 N 在 $(5\times 10^6 < N \leqslant 1\times 10^8)$ 范围内的正应力幅 $\Delta\sigma_j$ 及其频次；

$\Delta\tau_e$——由变幅疲劳预期使用寿命(总循环次数 $N = \sum N_i$)折算成循环次数 N 为 2×10^6 次常幅疲劳的等效切应力幅；

$[\Delta\tau]_{2\times 10^6}$——循环次数 N 为 2×10^6 次的容许切应力幅；

$\Delta\tau_i$、n_i——应力谱中循环次数 $N \leqslant 1\times 10^8$ 范围内的切应力幅 $\Delta\tau_i$ 及其频次。

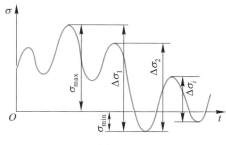

图 6-9

在缺乏上述设计应力谱的情况下,则可按钢结构设计规范中的其他规定进行疲劳强度计算,例如重级工作制吊车梁和重级、中级工作制吊车桁架的疲劳,可采用欠载效应的等效因数,按常幅疲劳计算,即

$$\alpha_i \Delta\sigma_e \leqslant \gamma_t [\Delta\sigma]_{2\times 10^6} \qquad (6-19)$$

式中,α_i 为欠载效应的等效因数,可由表 6-4 中查得；$[\Delta\sigma]_{2\times 10^6}$ 为循环次数 $N = 2\times 10^6$ 时的许用应力幅,按表 6-1 取用。

表 6-4 吊车梁和吊车桁架欠载效应的等效因数 α_i

吊车类别	α_i
重级工作制硬钩吊车(如均热炉车间夹钳式吊车)	1.0
重级工作制软钩吊车	0.8
中级工作制吊车	0.5

最后应该指出,本节所介绍的是在常温、无强烈腐蚀环境中,直接承受动力荷载重复作用的钢结构构件及其连接,在 $N \geqslant 5 \times 10^4$ 即高周疲劳情况下的疲劳计算。所有的参数及许用应力幅数值均以 Q235 钢为准。对于构件表面温度大于 150 ℃、在各种腐蚀环境中、低周高应变疲劳,以及其他构件和材料在交变应力下的疲劳计算,读者可参考有关规定或专著。

思　考　题

6-1　试在图示等速转动构件上示出惯性力沿杆轴线的分布规律。

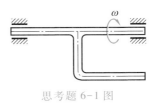

思考题 6-1 图

6-2　同一梁按图示两种位置受冲击:图 a 为在端点 C 处连有钢球(重量为 P)的杆件 AC 绕 A 点旋转而下落,冲击到梁的 D 点处;图 b 为同一钢球自由下落冲击到梁上 D 点处。在不考虑摩擦的情况下,试问上述两种冲击方式在梁内产生的应变能 V_ε 是否相同? 为什么?

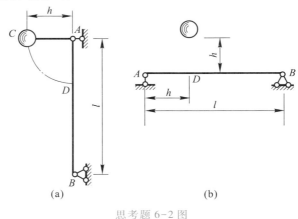

(a)　　　　　　　　(b)

思考题 6-2 图

6-3　先在悬臂梁的截面 C 处加上重量为 $2P$ 的重物,然后在自由端截面 B 处有一重量为 P 的物体自高度 h 处自由下落,冲击到梁的 B 点处,如图所示。试问在此情况下,应如何计算梁的动荷因数 K_d?

6-4　重量为 P 的重物施加在弹簧刚度系数为 k 的弹簧上,如图所示。这时,重物向下移动的距离为

$$\Delta = \frac{P}{k}$$

则重物的势能减少为

$$E_p = P\Delta = \frac{P^2}{k}$$

而弹簧的应变能为

$$V_\varepsilon = \frac{1}{2}P\Delta = \frac{P^2}{2k}$$

结果,系统的机械能似乎不守恒了,$E_p \neq V_e$,试问这是为什么?

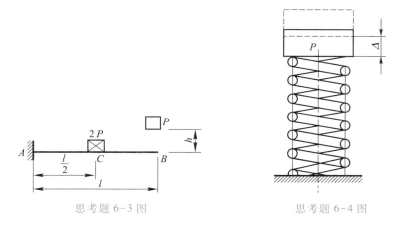

思考题 6-3 图　　　　　　　　　思考题 6-4 图

6-5　试问在交变应力作用下材料发生破坏与静荷载下的破坏有何区别? 其破坏原因是什么?

6-6　试分别绘出最大应力 $\sigma_{max} = 30$ MPa、应力比 $r = +\frac{1}{3}$ 和 $r = -\frac{1}{3}$ 时,应力随时间的变化曲线。

6-7　直径为 d 的圆钢轴,在跨中截面处通过轴承承受铅垂荷载 F 作用,如图所示。圆轴可在 ±30° 范围内往复摆动,试问圆轴跨中截面点 A 和 B 的应力比为多大? 哪一点较为危险?

6-8　带小圆孔的薄壁圆筒,在反复扭转力偶的作用下,其疲劳裂纹的扩展方向往往如图所示,试解释其原因。

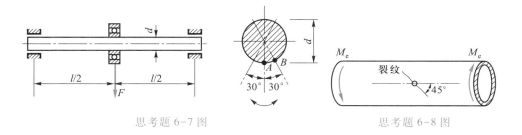

思考题 6-7 图　　　　　　　　　思考题 6-8 图

习 题

6-1 用钢索起吊 $P = 60$ kN 的重物,并在第一秒钟内以等加速上升 2.5 m,如图所示。试求钢索横截面上的轴力 F_{Nd}(不计钢索的质量)。

6-2 一起重机重 $P_1 = 5$ kN,装在两根跨度 $l = 4$ m 的 20 a 号工字钢梁上,用钢索起吊 $P_2 = 50$ kN 的重物,如图所示。该重物在前 3 s 内按等加速上升 10 m。已知 $[\sigma] = 170$ MPa,不计梁和钢索的自重,试校核梁的强度。

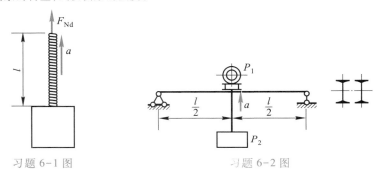

习题 6-1 图   习题 6-2 图

6-3 用绳索起吊钢筋混凝土管如图所示。如管子的重量 $P = 10$ kN,绳索的直径 $d = 40$ mm,许用应力 $[\sigma] = 10$ MPa,试校核突然起吊瞬时绳索的强度。

6-4 一杆以角速度 ω 绕铅垂轴在水平面内转动。已知杆长为 l,杆的横截面面积为 A,重量为 P_1。另有一重量为 P 的重物连接在杆的端点,如图所示。试求杆的伸长。

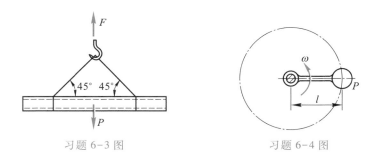

习题 6-3 图   习题 6-4 图

6-5 调速器由水平刚性杆 AB 和弹簧片 BC 刚性连接而成,并在弹簧片的自由端 C 装有重量 $P = 20$ N 的小球,如图所示。弹簧片的长度 $l = 0.4$ m,截面宽度 $b = 30$ mm,厚度 $\delta = 4$ mm,材料的弹性模量 $E = 200$ GPa,许用应力 $[\sigma] = 180$ MPa,弹簧片轴线距轴 O-O 的距离 $r = 120$ mm。调速器工作时,以匀角速度绕轴 O-O 旋转,试由弯曲正应力强度求调速器的许可转速,以及该转速时弹簧片 C 端的挠度。

6-6　图示机车车轮以等角速 $n = 300$ r/min 旋转,两轮之间的连杆 AB 的横截面为矩形, $h = 56$ mm, $b = 28$ mm;又 $l = 2$ m, $r = 250$ mm。连杆材料的密度 $\rho = 7.75 \times 10^3$ kg/m³。试求连杆 AB 横截面上的最大弯曲正应力。

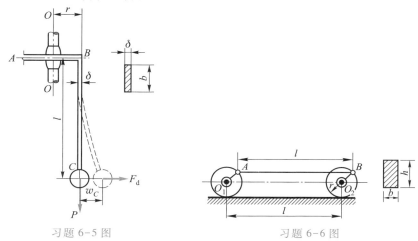

习题 6-5 图　　　　　　　　　　　　　　习题 6-6 图

˙6-7　图示重量为 P、长为 l 的杆件 AB,可在铅垂平面内绕 A 点自由转动。当杆以等角速 ω 绕铅垂轴 y 旋转时,试求:

(1) α 角的大小;

(2) 杆上离 A 点为 x 处横截面上的弯矩和杆的最大弯矩;

(3) 杆的弯矩图。

6-8　在直径 $d = 100$ mm 的轴上,装有转动惯量 $I_0 = 0.5$ kN·m·s² 的飞轮,轴以 300 r/min 的匀角速度旋转,如图所示。现用制动器使飞轮在 4 s 内停止转动,不计轴的质量和轴承内的摩擦,试求轴内的最大切应力。

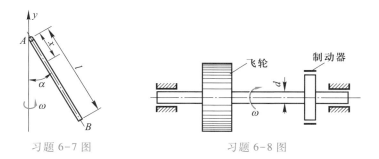

习题 6-7 图　　　　　　　　　习题 6-8 图

6-9 重量为 $P=5$ kN 的重物,自高度 $h=15$ mm 处自由下落,冲击到外伸梁的 C 点处,如图所示。已知梁为 20b 号工字钢,其弹性模量 $E=210$ GPa,不计梁的自重,试求梁横截面上的最大冲击正应力。

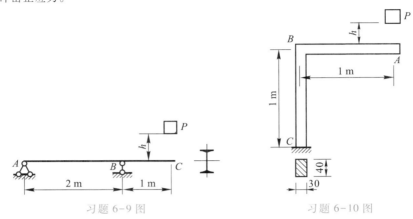

习题 6-9 图   习题 6-10 图

6-10 图示为等截面刚架,重物(重量为 P)自高度 h 处自由下落冲击到刚架的 A 点处。已知 $P=300$ N,$h=50$ mm,$E=200$ GPa,不计刚架的质量,以及轴力、剪力对刚架变形的影响,试求截面 A 的最大铅垂位移和刚架内的最大冲击弯曲正应力。

6-11 重量 $P=2$ kN 的冰块,以 $v=1$ m/s 的速度沿水平方向冲击在木桩的上端,如图所示。木桩长 $l=3$ m,直径 $d=200$ mm,弹性模量 $E=11$ GPa。不计木桩的自重,试求木桩的最大冲击正应力。

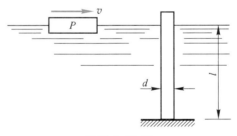

习题 6-11 图

6-12 长度为 l,横截面面积为 A 的钢杆,以速度 $v=2$ m/s 水平撞击刚性壁,如图所示。设钢的密度 $\rho=7.95\times10^3$ kg/m³,弹性模量 $E=210$ GPa。若钢杆冲击时产生的横截面上的应力 $\sigma(x)$ 沿杆轴成线性分布,试求杆内最大动应力。

6-13 长度为 l_1、弯曲刚度为 EI 的悬臂梁 AB,在自由端装有绞车,将重物 P 以匀速 v 下降。当钢绳下降至长度为 l_2 时,钢绳突然被卡住,如图所示。若钢绳的弹性模量为 E_s,横截面面积为 A,试求钢绳横截面上的动应力。

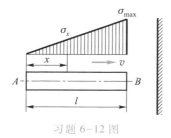

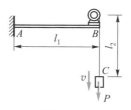

习题 6-12 图　　　　　　　习题 6-13 图

*6-14　重量为 $P = 20$ N 的物体,以 $v = 5$ m/s 的速度,沿水平方向冲击到与圆柱螺旋弹簧相连、重量为 $P_1 = 15$ N 的物体上,如图所示。已知弹簧的平均直径 $D = 40$ mm,簧杆直径 $d = 6$ mm,弹簧有效圈数 $n = 12$,其切变模量 $G = 80$ GPa。若将冲击物 P 和物体 P_1 当作刚体,弹簧的质量可略去,试求弹簧内的最大冲击切应力。

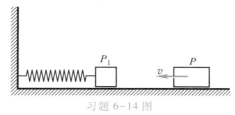

习题 6-14 图

*6-15　一截面为矩形($b \times \delta$)、平均半径为 R 的圆环,绕铅垂轴 O-O 以等角速度 ω 旋转,如图所示。圆环材料的密度为 ρ,弹性模量为 E,不计轴力和剪力的影响,试求:

(1) 圆环的最大弯矩及其作用面;

(2) 圆环 A、C 两点的相对位移。

(提示:封闭圆环为三次超静定结构。由于圆环的结构和惯性力均对称于 AC、DB 轴,故可取四分之一圆环 $\overset{\frown}{AB}$ 为基本静定系,且将截面 A 视为固定,而截面 B 仅有弯矩为多余未知力,则可将多余未知力减少为一个。)

6-16　已知交变应力的应力谱分别如图所示,试计算各交变应力的应力比和应力幅。

6-17　图 a 所示为直径 $d = 30$ mm 的钢圆轴,受横向力 $F_2 = 0.2$ kN 和轴向拉力 $F_1 = 5$ kN 的联合作用。当轴以匀角速 ω 转动时,试绘出跨中截面上 k 点处的正应力随时间变化的曲线,并计算其应力比和应力幅。

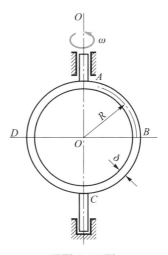

习题 6-15 图

6-18　某装配车间的吊车梁由 22 a 号工字钢制成,并在其中段焊上两块横截面为 120 mm×10 mm、长度为 2.5 m 的加强钢板,如图所示。吊车每次起吊 50 kN 的重物,在略去

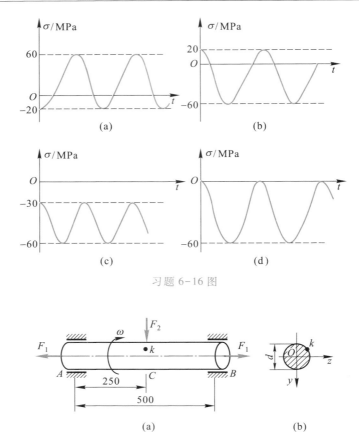

习题 6-16 图

习题 6-17 图

吊车及钢梁的自重时,该吊车梁所承受的交变荷载可简化为 $F_{max} = 50$ kN,$F_{min} = 0$。已知焊接段横截面对中性轴 z 的惯性矩 $I_z = 6\,574 \times 10^{-8}$ m^4,焊接段采用手工焊接,属于第 3 类构件。欲使吊车梁能经受 2×10^6 次交变荷载的作用,试校核梁的疲劳强度。

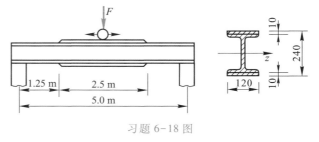

习题 6-18 图

第七章　材料力学性能的进一步研究

§7-1　概　　述

在《材料力学（Ⅰ）》中介绍了材料在常温、静载（用准静态试验）拉伸、压缩时的力学性能。实际的结构物或构件往往是在比较复杂的条件下工作的，例如，石油化工设备中有些机器的工作温度很低，而内燃机或燃汽轮机的工作温度则很高；汽轮机的叶片在高温下长期受强大的离心力作用；预应力钢筋混凝土中的钢筋或钢丝束则在常温下长期在很高的预拉应力下工作；桥梁、吊车梁以及绝大多数的动力机械所受荷载多是随时间交替变化的；风动机械、汽锤、常规武器则经常受到冲击荷载的反复作用等。对这些结构或构件进行强度计算显然不能仅依据材料在常温、静载下的力学性能。关于交变应力下的疲劳强度已在第六章中讨论，本章将进一步介绍应变速率或加载速率对材料力学性能的影响；在高温或低温下，短期加载时材料的力学性能；在长期高温条件下，受恒定荷载作用时材料的蠕变或松弛规律；在高速冲击荷载下材料的冲击韧性；以及低应力脆断、材料的断裂韧性等。这些也仅是对材料在复杂条件下工作时力学性能的部分介绍，目的在于使读者对材料的力学性能有进一步的认识。至于对这方面问题的全面介绍，则属于材料强度学科的范畴，读者可参阅有关书籍和资料。

§7-2　应变速率及应力速率对材料力学性能的影响

试验结果指出，在应变速率超过 $\dot{\varepsilon} \approx d\varepsilon/dt = 3\ mm/mm/s$ 以后，材料的力学性能就显著地受到应变速率的影响。

材料在动荷载下的力学性能不但受到应变速率的影响，而且还受温度的影响。这里，仅着重说明在常温下应变速率对材料力学性能的影响。

图 7-1a 中曲线 1 和 2 分别代表低碳钢在静荷载和动荷载两种情况下，由拉伸试验所得到的 σ-ε 曲线。由曲线 2 可见，在应变速率增大到超过 $\dot{\varepsilon} =$

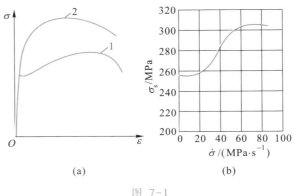

(a)　　　　　　　　(b)

图 7-1

3 mm/mm/s 以后,低碳钢的屈服阶段变得不明显,而强度极限有所提高。类似的现象在其他塑性材料中也同样存在。

在实验室内测定材料的屈服极限 σ_s 时,加载速率也就是试样中的应力速率,对所测定的 σ_s 值也有影响,这种影响仅在加载速率超过塑性变形的传播速率后,由于材料因塑性变形引起的强化而显示出来。当加载速率低于塑性变形的传播速率时,并无明显的影响。图 7-1b 所示曲线表示低碳钢的屈服极限 σ_s 受试样中应力速率影响的情况。

§7-3　温度对材料力学性能的影响

测试材料在短期加载拉伸下,温度对力学性能的影响,可在材料试验机上附加高温电炉或以干冰、液氮、液氢、液氮为冷却剂的低温箱,并将试样置于其中,按一般拉伸试验方法进行试验。

图 7-2a 表示低碳钢在短期加载的拉伸试验中,其力学性能随试验温度增高而变化的情况。总的趋势是随温度升高,材料的 E、σ_s、σ_b 均降低,而 δ、ψ 却增大;但在 260 ℃ 以前随温度升高,σ_b 反而增大,而 δ、ψ 却减小。低碳钢在 260 ℃ 以前的特征,并非所有的钢均有,例如,图 7-2b 所示铬锰合金钢在拉伸时的力学性能随温度而改变的规律就无此特征。

图 7-3 则表示纯铁(图 7-3a)和中碳钢(图 7-3b)在室温(+20 ℃)和两种低温(液氮温度 -196 ℃ 和液氢温度 -253 ℃)条件下,拉伸试样(直径 $d=3$ mm,标距 $l=30$ mm)在短期加载时的拉伸图。由图可见:当温度从室温(+20 ℃)降低到液氮温度(-196 ℃)时,与强度指标有关的 F 值均增加了一倍以上,而与伸长率 δ 有关的 Δl 值则不同程度地下降;当温度降低到液氢温度(-253 ℃)时,两

种材料均转化为完全脆性的状态,直到拉断为止,材料都服从胡克定律,材料的 σ_b 有进一步提高。

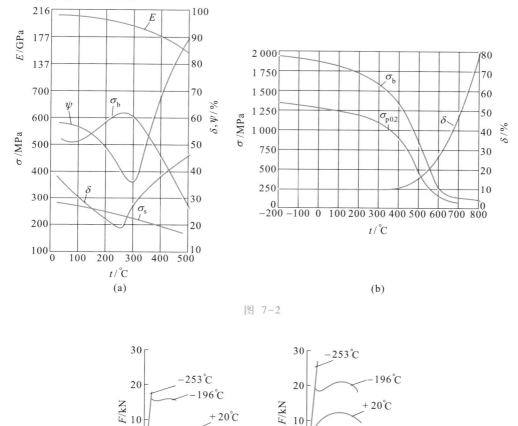

图　7-2

(a) 纯铁   (b) 中碳钢

图　7-3

综上所述,由高温、室温和低温条件下,材料在短期加载拉伸试验中的现象可知,在室温下为塑性材料的钢,其塑性指标随温度降低而减小,到液氢温度时完全失去了塑性并转化为脆性材料;反之,随着温度的增加,塑性指标则显著增大(低碳钢在 260 ℃ 以前的相反现象,并非普遍规律)。但是,衡量材料强度的指标 σ_s 和 σ_b 却随温度的降低而增大,随温度的增高而减小(低碳钢在 260 ℃ 以前,σ_b 随温度的增高而增大也是特殊现象)。

材料在低温下变脆(塑性指标骤降),是结构或构件发生低温脆断的主要原因,应引起重视。对此,还将在后面冲击韧性和断裂韧性的介绍中作进一步阐述。

§7-4　温度与时间对材料力学性能的影响·蠕变与松弛

材料在高温下,不仅其塑性指标增大,而且其塑性变形将随着恒定荷载作用时间的增长而不断发展。对于碳素钢在 300 ℃ 到 350 ℃ 以前,对于合金钢在 350 ℃ 到 400 ℃ 以前,上述现象并不明显,可用短期加载时的力学性能进行强度计算。但在高于上述范围的温度时,就需考虑时间因素对材料力学性能的影响。

如上所述,材料在超过一定温度的高温下,拉伸试样在恒定应力作用下的塑性变形将随着时间的增长而不断发展。这种现象称为蠕变。如果拉伸试样在高温和恒定荷载的条件下,两端位置固定不动,即总的伸长量维持不变,则材料随时间而发展的蠕变变形将逐步取代其初始的弹性变形,从而使试样中的应力随时间的增长而逐渐降低。这种现象称为应力松弛或简称松弛。汽轮机转子的叶片就可能因蠕变而发生过大的塑性变形,以致碰击定子而被折断。在高压蒸汽管道的法兰紧固螺栓中,其锁紧力(即预拉应力)也可能随时间的增长而逐步降低,亦即发生松弛现象。在预应力钢筋混凝土构件中,若使用预应力钢丝束,即使在常温条件下也可能发生预应力松弛的现象。对上述工程问题进行计算时,必须了解材料在高温(或常温)下长期受恒定荷载作用时的力学性能。

图 7-4 所示为金属材料拉伸试样在某一固定高温下,长期受恒定荷载作用时,蠕变变形(用线应变 ε 表示)随加载时间而发展的典型蠕变曲线。曲线 AE

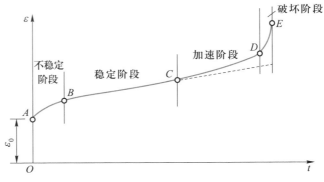

图 7-4

可分为四个阶段,其中 OA 段的线应变 ε_0 为瞬时应变,是加载后立即产生的,并不是蠕变变形。在蠕变开始的 AB 段内,蠕变变形增加较快,但其应变速率 $\dot{\varepsilon}$ 则逐渐降低,其蠕变速率不稳定,称为不稳定阶段。BC 段内蠕变速率达到最低并保持为常数,称为稳定阶段。CD 段内蠕变速率又逐渐增大,但变化不很大,称为加速阶段。达到 D 点后,蠕变速度骤然增加,经过较短时间试样就断裂了,有时在试样上也会出现"缩颈",DE 段称为破坏阶段。构件在正常工作条件下通常只能限定在稳定阶段内工作,不允许进入加速阶段,故计算总的蠕变变形量的两个重要参数,是不稳定阶段的总蠕变变形量和稳定阶段的蠕变应变速率。

不同的材料在不同的温度和荷载条件下,其蠕变曲线是不同的。同一种材料在相同的温度下,其蠕变曲线将随着应力的高低而改变,一般情况下,上述四个阶段都存在,只是各个阶段持续的时间各不相同。在应力很低时,有可能在试验持续的时间内并不出现加速和破坏阶段(图 7-5a)。若应力维持不变,则蠕变曲线将随着温度的高低而不同。温度越高,蠕变速率就越大;温度降低,蠕变速率也随之减小,到一定的温度时,蠕变速率甚至可降至零,如图 7-5b 所示。由以上讨论可见,温度和应力水平是决定蠕变速率的两个主要因素。当温度固定不变时,只有降低应力水平才能减小蠕变速率;而在一定的应力水平下,只有温度超过某一界限值后才可能发生明显的蠕变变形。在给定的应力水平下,发生明显蠕变变形的界限温度值通常约为材料熔点 T_m(单位符号为 K)的一半,因此,软金属铅在常温下即可发生蠕变变形。高温合金,例如,铁基高温合金 GH36 等,在构件的工作应力水平和较高的工作温度下,其蠕变变形也可以控制在规定的容许范围以内。但由于蠕变变形还与应力水平有关,因而冷拔预应力钢丝在很高的拉应力水平下,即使在常温时也将有明显的蠕变现象。

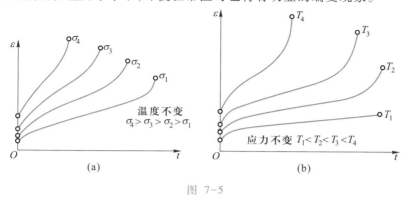

图 7-5

金属材料的拉伸试样在两端固定条件下进行的松弛试验表明,由于材料的蠕变变形而引起的应力松弛也取决于温度的高低和初始弹性应变水平的大小。图 7-6a 表示在温度不变的条件下,不同的初始弹性应变水平对应力松弛的影响。由图可见,初始弹性应变 ε 越大(即初始应力越大),应力降低的初始速率也越高,但总的趋势都是经过一定时间,应力降低到较低水平后,应力降低速率即逐渐趋向于零。在初始弹性应变水平相同的条件下,温度越高,应力降低的初始速率也越大,如图 7-6b 所示,在经过一定时间,应力降低到较低水平时,也就逐渐趋向于水平。

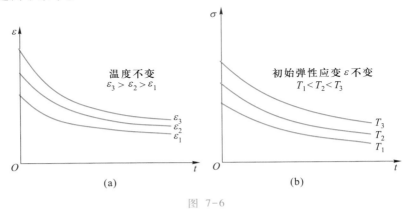

图 7-6

以上所介绍的蠕变和松弛现象,不仅是金属材料在高温下的特点,而且在常温下工作的冷拔预应力钢丝在很高的张拉应力下,同样也可以看到这种现象,尽管两者发生蠕变变形的机理并不相同,但在现象上是相仿的。此外,混凝土和工程塑料在常温下也会发生蠕变和松弛,但其物理实质和金属材料完全不同,只是具有和金属材料的蠕变和松弛相仿的现象。

§7-5   冲击荷载下材料的力学性能·冲击韧性

材料在低温下可能发生脆断,这类事故在工程中屡有所见。本节将通过研究材料在冲击荷载下的力学性能及其随温度降低而改变的规律,以防止结构或构件发生低温脆断的事故。

衡量材料在冲击荷载下力学性能的指标,由规定形状和尺寸的试样在冲击试验力一次作用下折断时所吸收的功表示,称为冲击吸收功。有时也用冲击试样缺口底部单位横截面面积上的冲击吸收功来表示,称为材料的冲击韧性。

材料的冲击韧性,一般以模拟构件冲击过程的冲击试验(如大能量一次冲

击试验）来测定。冲击试验所用的试样，一般均采用带有缺口的试样，并使试样
的缺口处于受拉的一侧。使冲击荷载在试样内引起的能量高度集中在缺口附近
的小区域体积内，从而造成这个区域内的高度应力集中和三轴拉伸应力状态，以
使这个区域内的塑性变形不容易发生，而便于测定材料抵抗断裂的能力。我国
国家标准《金属材料夏比摆锤冲击试验方法》（GB/T 229—2007）中规定的标准
试样有 V 形缺口和 U 形缺口两种，而 U 形缺口的深度可分为 2 mm 和 5 mm 两
种。一般地说，冲击试样上的缺口越尖锐，就越能反映出材料阻止裂纹扩展的抗
力。U 形缺口冲击试样的缺口较钝，应力集中程度较小，缺口附近体积内的材料
较易发生塑性变形，但这种试样有利于检查较大范围内材料的平均性能。

图 7-7a 中表示两种缺口冲击试样的外形和尺寸，图 7-7b 表示作缺口试样
冲击试验用的摆锤式冲击试验机的示意图。试验时将试样支承在试验机的两支
承块上，缺口位于试样弯曲时的受拉侧。试验机上的摆锤从一定高度落下，将带
缺口的弯曲试样撞断，摆锤撞断试样所消耗的功 W 即为冲击吸收功，将 W 除以
试样缺口截面的净面积 A，即得材料的冲击韧性

$$\alpha_K = \frac{W}{A} \tag{7-1}$$

α_K 的单位为 J/mm^2。由于用试验方法测定的冲击韧性值与试样的受力和变形
形式、缺口的外形和尺寸以及缺口端部的圆角半径等都有关，所以用 V 形缺口
试样和 U 形缺口试样得到的冲击韧性值是不同的。对于不同的材料，用两种缺
口试样测得的冲击韧性之比值也不是一个常数，所以，两者不能简单换算。

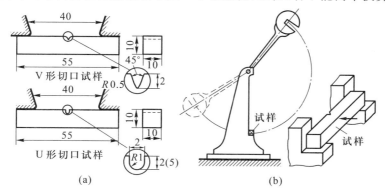

图 7-7

如前所述，当温度降低时，材料的塑性指标也随之降低。同样，材料的冲击
韧性值也随温度的降低而减小。当温度降至某一范围时，α_K 的数值明显下降，
表明材料由韧性状态过渡到脆性状态，这种现象称为"冷脆"。低、中强度的体

心立方金属及合金(如低碳钢、低合金钢等)有明显的冷脆现象。面心立方金属
(如奥氏体钢、铝、铜等)则无冷脆现象。高强度的体心立方金属(如高碳钢、合
金钢等)由于在很宽的温度范围内冲击韧性值均较低,所以其冷脆现象不明显。
一般地说,当温度降低时,有冷脆现象的金属的屈服强度急剧增高,而对抗断裂
的能力则基本上无显著变化,所以,当温度降低到某一温度以下时,材料在发生
塑性变形前就呈现脆性断裂。出现冷脆现象的温度区,称为材料的韧脆转
变温度。

　　严格地说,材料的韧脆转变温度是在一系列不同温度的冲击试验中,冲击吸
收功急剧变化或断口韧性急剧变化的温度区域。测定材料的韧脆转变温度一般
使用标准夏比 V 型缺口冲击试样,在不同温度下进行一系列的冲击试验,将试
验的结果,以冲击吸收功或脆性断面率(即出现大量晶粒开裂或晶界破坏的有
光泽断口面积占试样断口总面积的百分率)为纵坐标,以试验温度为横坐标绘
制成曲线,如图 7-8 所示。若以冲击吸收功来确定,则在冲击吸收功-温度曲线
的上平台与下平台区间规定百分数所对应的温度,作为韧脆转变温度,并用 ETT
表示(例如,规定冲击上、下平台区间 50% 所对应的温度,记为 ETT_{50})。若以脆
性断面率评定,则在脆性断面率-温度曲线中规定脆性断面率所对应的温度,作
为韧脆转变温度,并用 FATT 表示(例如,规定脆性断面率为 50% 所对应的温度,
记为 $FATT_{50}$)(图 7-8)。用不同方法测定的韧脆转变温度不能相互比较。

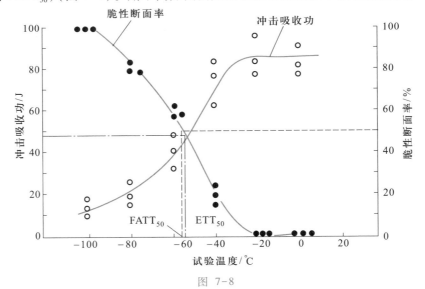

图 7-8

在设计规范中,一般都根据使用经验而规定对材料韧脆转变温度的要求,或规定在最低使用温度下材料的冲击韧性值。例如,对桥梁钢的冲击韧性一般规定为在室温下不低于 $0.77 \sim 0.96$ J/mm^2,而对于在我国北方及高寒地区使用的桥梁,还规定了在-40 ℃低温下桥梁钢的冲击韧性值,以防止桥梁在严寒季节发生脆断。

§7-6 低应力脆断·断裂韧性

有些结构或构件,在不超过许用应力的条件下工作时,也曾发生过意外的脆性断裂。由于这种脆性断裂是在低于许用应力的情况下发生的,所以,也称为低应力脆断。

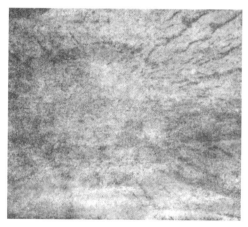

图 7-9

对于发生意外断裂的结构或构件的断口进行事故分析时,往往发现断口上有一个明显的裂纹源,断裂是裂纹由裂纹源处开始扩展而导致的。图 7-9 所示一大型发电机转子断裂后的部分断口[①],其上有一个圆片状的裂纹源,估计是氢白点,整个转子的断裂就是从这里开始的。有些构件的断裂是在交变应力下经过长期运行形成了疲劳裂纹之后发生的,这时,疲劳裂纹就是最后断裂的裂纹源,例如,图 6-3a、b、c 三张相片所示的断口上的裂纹源都是疲劳裂纹(断口图片中的光滑区域)。也有些构件,由于在热加工或冷加工过程中形

---

① 取自 Liebowitz, H. Fracture, Vol.5, Fracture Design of Structures, Academic Press, p. 72, Fig.1, 1969.

成的裂纹,成为构件在一次加载时发生断裂的裂纹源。由此可见,构件或结构物中初始存在的裂纹,在条件适合的情况下有可能迅速扩展而造成整个构件或结构的断裂。线弹性断裂力学就专门对这种低应力脆断进行理论分析。线弹性断裂力学所采用的裂纹体模型是含理想尖裂纹(即裂尖曲率半径 $\rho = 0$ 的裂纹)的线弹性体。

　　线弹性体中的裂纹按受力方式可分为三种基本形式:若拉应力垂直于裂纹平面,则裂纹表面的位移也将垂直于裂纹平面,称为张开型(或Ⅰ型)裂纹(图 7-10a);若切应力平行于裂纹长度方向,则裂纹表面的位移将发生在裂纹平面内并沿裂纹方向,称为滑开型(或Ⅱ型)裂纹(图 7-10b);若切应力垂直于裂纹长度方向,则裂纹表面的位移也将发生在裂纹平面内但垂直于裂纹方向,称为撕开型(或Ⅲ型)裂纹(图 7-10c),其中Ⅰ型裂纹最为危险,所以,下面主要介绍Ⅰ型裂纹问题。

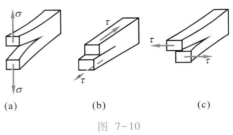

(a)　　　　　　(b)　　　　　　(c)

图 7-10

　　图 7-11 所示为一块含贯穿板厚、长度为 $2a$ 的裂纹的"无限大"平板,在远处受到垂直于裂纹方向的单轴均匀拉伸应力 σ 作用,这时,裂纹尖端附近区域内 A 点处的应力表达式为[①]

$$\left.\begin{array}{l} \sigma_x = \dfrac{K_{\mathrm{I}}}{\sqrt{2\pi\rho}}\cos\dfrac{\varphi}{2}\left(1 - \sin\dfrac{\varphi}{2}\sin\dfrac{3\varphi}{2}\right) + O(\rho^{\frac{1}{2}}) \\[4mm] \sigma_y = \dfrac{K_{\mathrm{I}}}{\sqrt{2\pi\rho}}\cos\dfrac{\varphi}{2}\left(1 + \sin\dfrac{\varphi}{2}\sin\dfrac{3\varphi}{2}\right) + O(\rho^{\frac{1}{2}}) \\[4mm] \tau_{xy} = \dfrac{K_{\mathrm{I}}}{\sqrt{2\pi\rho}}\sin\dfrac{\varphi}{2}\cos\dfrac{\varphi}{2}\cos\dfrac{3\varphi}{2} + O(\rho^{\frac{1}{2}}) \end{array}\right\} \qquad (7-2)$$

式中, ρ、φ 为裂纹尖端附近 A 点的极坐标。由于靠近裂纹尖端处的 ρ 值很小,因此,表示含 $\rho^{\frac{1}{2}}$ 的第二项 $O(\rho^{\frac{1}{2}})$ 与第一项相比可略去不计。于是,在靠近裂纹尖端处的各应力分量均具有 $\rho^{-\frac{1}{2}}$ 的奇异性(即 $\rho \rightarrow 0$, $\sigma \rightarrow \infty$),而且这些应力分量都

---

　　① 详细推导可参见高庆主编,《工程断裂力学》,重庆大学出版社,1986 年。

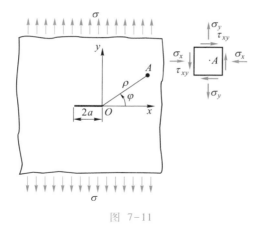

图 7-11

是用单一的参量 K_{I} 来描述的。由于 K_{I} 的大小反映了裂纹尖端处奇异性应力场的强弱程度,通常称为**应力强度因子**,或简称为 K 因子。对于图 7-11 所示的 I 型裂纹问题,其应力强度因子记为 K_{I}。

应力强度因子 K_{I} 与构件的外形和受力条件、裂纹的几何特征以及裂纹表面与构件周边的边界条件等因素有关,按线弹性理论确定。例如,在单轴均匀拉伸应力 σ 作用下,含有长度为 $2a$ 的 I 型贯穿裂纹的"无限大"平板(图 7-11),其裂纹尖端处的应力强度因子 K_{I} 的表达式为

$$K_{\mathrm{I}} = \sigma\sqrt{\pi a} \qquad\qquad (7-3)$$

又如,在单轴均匀拉伸应力 σ 作用下,含有深度为 a、表面长度为 $2c$ 的 I 型表面浅裂纹的"无限大"平板,当 $2c$ 远大于 a 时,在裂纹最深点处的 K_{I} 表达式为

$$K_{\mathrm{I}} = 1.12\sigma\sqrt{\pi a} \qquad\qquad (7-4)$$

在其他各种情况下的 K_{I} 表达式,可统一地写作

$$K_{\mathrm{I}} = \alpha\sigma\sqrt{\pi a} \qquad\qquad (7-5)$$

式中,因数 α 随裂纹体的几何特征、受力条件、边界条件等因素而改变。K_{I} 的具体表达式可从有关手册[①]中查得。

将材料加工成含有裂纹的试样进行的试验表明,当应力强度因子达到某一临界值时,试样裂纹将发生不可扼制的快速扩展(称为**失稳扩展**),而导致试样的脆性断裂。应力强度因子的这一临界值,称为材料的**断裂韧性**,记为 K_c。试验还表明,断裂韧性的数值与试样的厚度有关,当试样厚度大于某一值后,

---

① 例如,中国航空研究院主编,《应力强度因子手册》,科学出版社,1981 年。

断裂韧性趋于稳定的最小值。断裂韧性的这一临界值,称为材料的 **平面应变断裂韧性**。对于 I 型裂纹,记为 K_{Ic}。K_{I} 和 K_{Ic} 的量纲为 $L^{-\frac{1}{2}}MT^{-2}$,其单位为 $\mathrm{MPa \cdot m^{\frac{1}{2}}}$。

于是,对于构件或结构是否会因所含裂纹的失稳扩展而导致低应力脆断,可按应力强度因子建立低应力脆断判据。对于 I 型裂纹,其脆断判据为

$$K_{I} = K_{Ic} \tag{7-6}$$

材料的平面应变断裂韧性 K_{Ic} 通常视为材料固有的力学性能,其值可由标准试样的断裂力学试验测定。

测定材料的平面应变断裂韧性 K_{Ic} 值所用的标准试样,其各部分尺寸间均有一定的比例。例如,在图 7-12a 中所示的标准三点弯曲试样各部分尺寸间的比例为

$$W:B:a=2:1:1, \quad S:W=4:1$$

又如图 7-12b 中所示的标准紧凑拉伸试样的标准尺寸比为

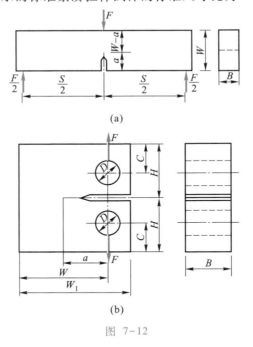

图 7-12

$$W:B:a=2:1:1, \quad \frac{H}{W}=0.6, \quad \frac{C}{H}=0.54, \quad \frac{W_1}{W}=1.25$$

试验结果表明,当试样的厚度不足时,测得的断裂韧性值偏大,这是由于裂

纹尖端处沿厚度方向的平面应变约束程度不足,使得三轴拉伸应力状态未能得到充分发展所致。因而,为保证所测得的断裂韧性确为平面应变断裂韧性,对试样的厚度有最低限度的要求。

将标准的含裂纹试样在万能试验机上加力直到试样发生脆断,测得试样脆断时的荷载 F_{max} 或其他的特征荷载值,以此作为临界荷载 F_c。然后,可按以下两个近似表达式,对 a/W 接近于 0.5 的标准试样,求出 K_{Ic} 值[①]。

标准三点弯曲试样:

$$K_{Ic} = \frac{F_c}{BW^{1/2}}\left[3.50\left(1 - \frac{a}{W}\right)^{-1.6}\right]$$

在 $0.4 \leqslant a/W \leqslant 0.6$ 范围内,其误差不超过 0.4%。

标准紧凑拉伸试样:

$$K_{Ic} = \frac{F_c}{BW^{1/2}}\left[3.40\left(1 - \frac{a}{W}\right)^{-1.5}\right]$$

在 $0.35 \leqslant a/W \leqslant 0.55$ 范围内,其误差不超过 0.2%。

几种国产材料在常温下的 K_{Ic} 值可参见表 7-1。

由于低应力脆断所造成的事故常常是灾难性的,因而,近年来对材料的力学性能指标,除了常规要求外,常增加对材料平面应变断裂韧性 K_{Ic} 的要求。

表 7-1 几种国产材料在常温下的 K_{Ic} 值

材料	热处理状态	强度指标/MPa		平面应变断裂韧性	主要用途	备注
		$\sigma_{p0.2}$	σ_b	$K_{Ic}/(\text{MPa}\cdot\text{m}^{1/2})$		
40 号钢	860 ℃ 正火	294	549	70.7~71.9	轴类	
45 号钢	正火	HRc = 52.3	804	101	轴类	
30Cr2MoV	940 ℃ 空冷 680 ℃ 回火	549	686	140~155	大型汽轮机转子	从小试样结果换算
34CrNi3Mo	860 ℃ 加热 780 ℃ 预冷淬油 650 ℃ 回火	539	716	121~138	大型发电机转子	从小试样结果换算

---

① 具体试验方法可参见贾有权主编的《材料力学实验》(第二版)。

续表

材料	热处理状态	强度指标/MPa		平面应变断裂韧性 $K_{Ic}/(MPa \cdot m^{1/2})$	主要用途	备注
		$\sigma_{p0.2}$	σ_b			
40CrNiMoA	860 ℃淬油 200 ℃回火	1 579	1 942	42.2		
	860 ℃淬油 380 ℃回火	1 383	1 491	63.3		
	860 ℃淬油 430 ℃回火	1 334	1 393	90.0		
14MnMoNbB	920 ℃淬火 620 ℃空冷	834	883	152~166	压力容器	从小试样结果换算
14SiMnCr-NiMoV	930 ℃淬火 610 ℃回火	834	873	82.8~88.1	高压空气瓶	
18MnMoNiCr	880℃3 小时空冷 660℃8 小时空冷	490		276	厚壁压力容器	从小试样结果换算
20SiMn2MoVA	900 ℃淬油 250 ℃回火	1 216	1 481	113	石油钻机吊具	
15MnMoVCu	铸钢	520	677	38.5~74.4	水轮机叶片	
30CrMnSiNi2A	890 ℃加热 300 ℃等温	1 393		80.3	航空用钢	
45MnSiV	900 ℃淬火 440 ℃回火	1 471	1 648	83.7	预应力钢筋	
稀土镁球铁	920 ℃加热 硝盐淬火 380 ℃回火		1 304	35.7~38.8	轴类	
铜钼球铁	正火			34.1~35.7	内燃机车曲轴	
重轨钢		510~628	853~1 040	37.2~48.4	50 kg/m 钢轨	
稀土球铁	880 ℃加热 310 ℃等温	HRc = 38~42		49.6~52.7	轴类	

例题 **7-1** 在钢板梁的钉孔周边上经常会发现疲劳裂纹(图 a)。为保证钉孔周边上的疲劳裂纹不致在工作应力下发生失稳扩展,应具有检验标准,当疲劳裂纹的长度超过了检验标准时,就应采取安全措施。

钉孔周边所发现的疲劳裂纹多属"角裂纹"(即在截面的一个角上发生的裂纹),限于检查条件,只能看到其露头表面上的长度 a。根据解剖检验可知,这种"角裂纹"往往是表面较长而深度稍浅的片状裂纹,因此,从偏于安全考虑,可按四分之一圆片状裂纹计算。

钢板中的拉应力 $\sigma = 80$ MPa,钉孔边缘处的局部最大应力应该对 σ 再乘以应力集中因数 $K_t = 3$。材料的平面应变断裂韧性为 $K_{Ic} = 130$ MPa·m$^{\frac{1}{2}}$,为保证钢板梁不至于发生低应力断裂,安全因数取为 $n = 2.5$。试计算"角裂纹"在检验时的许可最大长度 a。

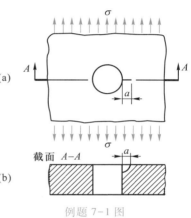
例题 7-1 图

解:(1)按钉孔边缘的角裂纹计算

对于四分之一圆片状的角裂纹,在露头表面前缘处的应力强度因子的表达式由有关设计手册查得为

$$K_I = \frac{2}{\pi} \times 1.28 \sigma \sqrt{\pi a} \tag{1}$$

式中,σ 应该用钉孔边缘处的局部最大应力(应力集中因数 $K_t = 3$),即

$$\sigma = 3 \times 80 \text{ MPa} = 240 \text{ MPa} \tag{2}$$

由低应力断裂判据,式(7-6),并引进安全因数 $n = 2.5$,即可按下式计算"角裂纹"的许可最大长度 a:

$$\frac{2}{\pi} \times 1.28 \times (240 \text{ MPa}) \sqrt{\pi a} = \frac{K_{Ic}}{n} = \frac{130}{2.5} \text{ MPa·m}^{\frac{1}{2}} = 52 \text{ MPa·m}^{\frac{1}{2}} \tag{3}$$

由式(3)解得

$$a = \left[\frac{\pi (52 \text{ MPa·m}^{\frac{1}{2}})}{2 \times 1.28 \times 240 \text{ MPa}} \right]^2 \frac{1}{\pi} = 0.022\ 5 \text{ m} = 22.5 \text{ mm} \tag{4}$$

(2)按贯穿板厚的边裂纹计算

若裂纹经疲劳亚临界扩展后,从钢板背面也可看到,则应按贯穿板厚的裂纹处理。此时,裂纹尖端应力强度因子可偏于安全地按"半无限大"平板有贯穿板厚的边裂纹公式,并以钉孔边缘处的最大局部应力($K_t = 3$)作为裂纹所在位置处

的当地均匀拉应力来计算,即

$$K_1 = 1.12\sigma\sqrt{\pi a} = 1.12 \times (240 \text{ MPa}) \sqrt{\pi a} = (269 \text{ MPa}) \sqrt{\pi a} \tag{5}$$

将式(5)代入式(7-3),并引进安全因数 $n = 2.5$,即得

$$(269 \text{ MPa}) \sqrt{\pi a} = \frac{K_{1c}}{n} = 52 \text{ MPa} \cdot \text{m}^{\frac{1}{2}} \tag{6}$$

从而解得

$$a = \left[\frac{(52 \text{ MPa}) \cdot \text{m}^{\frac{1}{2}}}{269 \text{ MPa}}\right]^2 \frac{1}{\pi} = 0.012 \text{ m} = 12 \text{ mm} \tag{7}$$

由此可见,当钉孔边缘处的裂纹从"角裂纹"发展到贯穿板厚的边裂纹时,最大许可尺寸将由"角裂纹"的 $a = 22.5$ mm 降至贯穿板厚的边裂纹的 $a = 12$ mm。所以,究竟裂纹的最大许可尺寸 a 应按哪一种情况来限制,还应该以钉孔边缘裂纹的解剖资料来判断"角裂纹"发展的规律性。在缺乏这种资料时,只能取 $a = 12$ mm 作为其最大限值。

思 考 题

7-1 试问应变速率及应力速率对材料的力学性能有何影响?

7-2 低碳钢在短期加载的拉伸试验中,试问其力学性能随试验温度的增高将如何变化?

7-3 何谓蠕变与松弛?

7-4 试问蠕变变形与通常所谓的塑性变形有何区别?材料约在多高温度下将发生蠕变?

7-5 试问通常用什么物理量来表示材料的冲击韧性?材料的冲击韧性是怎样测定的?

7-6 试问材料的脆性转变温度如何测定?

7-7 试问为什么一些受力构件或结构会发生低应力脆断,而另一些又不会发生低应力脆断?

7-8 试问材料的平面应变断裂韧性 K_{1c} 值如何测定?

习 题

7-1 含有长度为 $2a$ 的 Ⅰ 型贯穿裂纹的无限大平板,材料为 30CrMnSiNiA,在远离裂纹处受均匀拉应力 σ 作用,如图 7-11 所示。已知材料的平面应变断裂韧性 $K_{1c} = 84$ MPa · m$^{\frac{1}{2}}$,裂纹的临界长度 $a_c = 8.98$ mm。试求裂纹发生失稳扩展时的拉应力 σ 值。

7-2 用矩形截面纯弯曲梁来测定材料的平面应变断裂韧性值时,所用梁的高度为 $b =$

90 mm,施加在梁端的外力偶矩(每单位厚度梁上的值)$M_e = 300$ kN·m/m,裂纹深度为 $a = 50$ mm。试按如下的公式计算 K_I 值:

$$K_I = \alpha\sigma\sqrt{\pi a}, 其中 \sigma = \frac{6M_e}{b^2}(单位厚度梁)$$

$$\alpha = 1.121\,5 - 1.40\left(\frac{a}{b}\right) + 7.33\left(\frac{a}{b}\right)^2 - 13.08\left(\frac{a}{b}\right)^3 + 14.0\left(\frac{a}{b}\right)^4$$

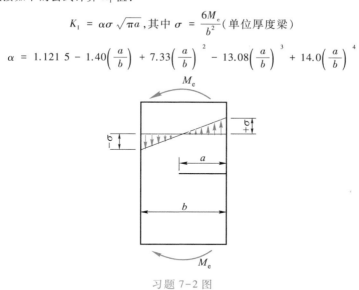

习题 7-2 图

主要参考书

[1] 孙训方,方孝淑,关来泰.材料力学(Ⅰ)[M].孙训方,胡增强,修订.5版.北京:高等教育出版社,2009.

[2] 孙训方,方孝淑,关来泰.材料力学(Ⅱ)[M].孙训方,胡增强,修订.5版.北京:高等教育出版社,2009.

[3] 单辉祖.材料力学(Ⅰ)[M].4版.北京:高等教育出版社,2016.

[4] 单辉祖.材料力学(Ⅱ)[M].4版.北京:高等教育出版社,2016.

[5] 胡增强.固体力学基础[M].南京:东南大学出版社,1990.

[6] 王龙甫.弹性理论[M].北京:科学出版社,1978.

[7] 徐秉业,刘信声.结构塑性极限分析[M].北京:中国建筑工业出版社,1985.

[8] 刘鸿文.高等材料力学[M].北京:高等教育出版社,1985.

[9] 中华人民共和国国家质量监督检验检疫总局,中国国家标准化管理委员会.GB/T 228.1—2010.金属材料 拉伸试验 第 1 部分:室温试验方法[S].北京:中国标准出版社.2011.

[10] 中华人民共和国住房和城乡建设部.GB 50017—2017.钢结构设计标准[S].北京:中国建筑工业出版社.2018.

[11] Gere J M,Timoshenko S P.Mechanics of materials.Second SI Edition.New York:Van Nostrand Reinhold,1984.

[12] Archer R R,Lardner T J,et al.An introduction to the mechanics of solids.Second SI Edition.New York:McGraw-Hill,1978.

[13] Beer F P,Johnston E R,et al.Materials[M].Seventh Edition.New York:McGraw-Hill,2015.

习 题 答 案

第 一 章

1-1 $\sigma_A = -131$ MPa, $\sigma_B = 75.5$ MPa

1-2 $\sigma_A = -146.3$ MPa, $\sigma_B = 121.3$ MPa, $\sigma_C = -36.3$ MPa

1-3 $\sigma_{max} = 61.7$ MPa

1-5 $\sigma_{s,max} = 130$ MPa, $\sigma_{w,max} = 17.2$ MPa

1-7 $e = 80$ mm

*1-8 $e = \dfrac{\alpha r}{\sin \alpha}$

1-9 $F_{S1} = \dfrac{E_1}{E_1 + E_2} F$, $F_{S2} = \dfrac{E_2}{E_1 + E_2} F$, $e = \dfrac{b(E_1 - E_2)}{4(E_1 + E_2)}$, 偏于弹性模量较大的一侧

1-10 按计算 $\bar{y}$ 的精确公式 : $\sigma_{max} = 93.9$ MPa

按计算 $\bar{y}$ 的近似公式 : $\sigma_{max} = 95.5$ MPa

按直梁应力公式 : $\sigma_{max} = 76.4$ MPa

第 二 章

2-1 $F_s = \sigma_{s1} A_1 + E_2 \varepsilon_{s1} A_2$, $F_u = \sigma_{s1} A_1 + \sigma_{s2} A_2$

2-2 $F_s = \dfrac{5}{3} \sigma_s A$, $F_u = 2\sigma_s A$

2-3 $F_u = \dfrac{3}{4} \sigma_s A (1 + 4\cos \alpha)$

2-4 杆 3 的残余应力 : $\sigma_{03} = -2\cos \alpha \dfrac{1 - \cos^2 \alpha}{1 + 2\cos^3 \alpha} \cdot \sigma_s$

2-5 实心轴 $T_u = 9.05$ kN · m, 空心轴 $T_u = 18.8$ kN · m

2-7 $(M_e)_s = \tau_s \dfrac{(a + b)\pi d^3}{16b}$, $(M_e)_u = \tau_s \dfrac{\pi d^3}{6}$

2-9 (1) $\dfrac{1}{\rho_0} = \dfrac{\sigma_s}{E} \dfrac{5}{4h}$

(2) $M_e = -\sigma_s \dfrac{5bh^2}{48}$

2-10 $F_u = 30.5$ kN

2-11 $q_u = 227 \text{ kN/m}$

第 三 章

3-1 （a）$V_\varepsilon = \dfrac{7F^2 l}{8\pi E d^2}$；（b）$V_\varepsilon = \dfrac{14F^2 l}{3\pi E d^2}$

3-3 $V_\varepsilon = \dfrac{9.6 M_e^2 l}{\pi G d_1^4}$

3-4 （a）$V_\varepsilon = \dfrac{17 q^2 l^5}{15\,360 EI}$；（b）$V_\varepsilon = \dfrac{3 q^2 l^5}{20 EI}$；（c）$V_\varepsilon = \dfrac{F^2 l^3}{16 EI} + \dfrac{3F^2 l}{4 EA}$

3-5 （1）$V_\varepsilon = \dfrac{EA}{48a}\left[(9+8\sqrt{3})\Delta_{Ax}^2 - 6\sqrt{3}\,\Delta_{Ax}\Delta_{Ay} + 3\Delta_{Ay}^2 \right]$

（2）$V_\varepsilon = \dfrac{4aAB}{3}\left(\dfrac{\Delta_{Ay} - \sqrt{3}\,\Delta_{Ax}}{4a} \right)^{3/2} + \dfrac{\sqrt{3}\,aAB}{3}\left(\dfrac{\sqrt{3}\,\Delta_{Ax}}{3a} \right)^{3/2}$

3-6 （1）V_c 与习题 3-5（1）答案中的 V_ε 相等

（2）$V_c = \dfrac{2aAB}{3}\left(\dfrac{\Delta_{Ay} - \sqrt{3}\,\Delta_{Ax}}{4a} \right)^{3/2} + \dfrac{\sqrt{3}\,aAB}{3}\left(\dfrac{\sqrt{3}\,\Delta_{Ax}}{3a} \right)^{3/2}$

3-7 （a）$\Delta_{Ay} = \dfrac{5 q l^4}{768 EI}(\downarrow)$；（b）$\Delta_{Ay} = \dfrac{5 q l^4}{8 EI}(\downarrow)$；（c）$\Delta_{Ay} = \dfrac{F l^3}{8 EI} + \dfrac{3 Fl}{2 EA}(\downarrow)$

3-8 （a）$\Delta_{Ax} = \dfrac{17 M_e a^2}{6 EI}(\rightarrow)$，$\Delta_{Ay} = 0$，$\theta_A = \dfrac{M_e a}{3 EI}(\curvearrowright)$，$\theta_B = \dfrac{5 M_e a}{3 EI}(\curvearrowright)$

（b）$\Delta_{Ax} = \cdots$，$\Delta_{Ay} = \dfrac{3 q l^4}{32 EI}(\uparrow)$，$\theta_A = \cdots$，$\theta_B = \dfrac{q l^3}{2 EI}(\curvearrowright)$

（c）$\Delta_{Ax} = \dfrac{l^3}{48 EI}(ql + 24F)(\rightarrow)$，$\Delta_{Ay} = 0$，$\theta_A = \dfrac{4Fl^2 + ql^3}{48 EI}(\curvearrowright)$，$\theta_B = \dfrac{l^2}{48 EI}(ql + 4F)(\curvearrowright)$

3-9 （a）$\theta = 0$

（b）$\Delta_{AB} = \dfrac{7 Fa^3}{12 EI}(\leftarrow\rightarrow)$，$\theta = \dfrac{5 Fa^2}{4 EI}(\curvearrowright\curvearrowright)$

（c）铅垂方向 $\Delta_{AB} = \dfrac{11 Fa^3}{EI}\left(\begin{smallmatrix}\uparrow\\\downarrow\end{smallmatrix}\right)$，水平方向 $\Delta_{AB} = \dfrac{2 Fa^3}{EI}(\rightarrow\leftarrow)$

3-10 $\Delta_{AB} = \pi F R^3 \left(\dfrac{1}{EI} + \dfrac{3}{GI_p} \right)$，开口处两截面 A、B 的相对转角为零，即两截面保持平行，但每一截面的转角并不等于零。

3-11 $w_C = \dfrac{16 Fa^3}{3 Ebh^3}\left(1 + \dfrac{3}{20}\dfrac{h^2}{a^2}\dfrac{E}{G} \right)$

3-12 （a）$F_D = \dfrac{7 ql}{24}(\uparrow)$；（b）$F_B = \dfrac{3 q_0 l}{20}(\uparrow)$，$M_B = \dfrac{q_0 l^2}{30}(\curvearrowright)$

3-13 $F_{N1} = -\dfrac{2-\sqrt{2}}{2}F$，$F_{N2} = \dfrac{\sqrt{2}}{2}F$

3-14 （a）$F_B = \dfrac{3F}{32}(\uparrow)$；（b）$F_{Ax} = \dfrac{3qA}{8}(\rightarrow)$，$F_{Bx} = \dfrac{3qa}{8}(\rightarrow)$

(c) $F_{Ax}=F(\leftarrow)$, $F_{Ay}=\dfrac{3}{14}F(\downarrow)$

(d) $F_{Ax}=2.32\ \text{kN}(\rightarrow)$, $F_{Ay}=12.5\ \text{kN}(\uparrow)$

3–15 (a) $\Delta_{Ax}=\dfrac{FR^3}{2EI}(\rightarrow)$, $\Delta_{Ay}=\dfrac{\pi FR^3}{4EI}(\downarrow)$, $\theta_A=\dfrac{FR^2}{EI}(\curvearrowright)$

(b) $\Delta_{Ax}=\dfrac{FR^3}{EI}\left(\dfrac{\sqrt{3}\,\pi}{2}-\dfrac{9}{4}\right)(\leftarrow)$, $\Delta_{Ay}=\dfrac{\pi FR^3}{2EI}(\uparrow)$, $\theta_A=\dfrac{FR^2}{6EI}(4\pi-3\sqrt{3})(\curvearrowright)$

(c) 无水平位移，铅垂位移 $\Delta=\dfrac{FR^3}{24EI}(8\pi+3\sqrt{3})+\dfrac{FR^3}{8GI_{\text{p}}}(8\pi-9\sqrt{3})(\downarrow)$，铅垂平面内

的转角 $\theta_{A1}=\dfrac{3}{8}FR^2\left(\dfrac{1}{EI}+\dfrac{3}{GI_{\text{p}}}\right)$，横截面平面内的转角 $\theta_{A2}=\cdots$

3–16 $\Delta_{Gx}=\dfrac{2l}{13EA}(4F_1-\sqrt{3}\,F_2)(\rightarrow)$, $\Delta_{Gy}=\dfrac{2l}{13EA}(-\sqrt{3}\,F_1+4F_2)(\uparrow)$

3–17 $F_{N1}=F_{N2}=\dfrac{F}{2\cos\alpha+(\cos^2\alpha)^{-1/n}}$, $F_{N3}=\dfrac{F}{1+2\cos\alpha\,(\cos^2\alpha)^{1/n}}$

***3–18** (a) $\Delta_A=\dfrac{41ql^4}{384EI}(\downarrow)$, $\theta_A=\dfrac{7ql^3}{48EI}(\curvearrowright)$, $\Delta_C=\dfrac{7ql^4}{192EI}(\downarrow)$

(b) $\theta_A=\dfrac{M_{\text{e}}l}{9EI}(4\pi-3\sqrt{3})(\curvearrowright)$, $\Delta_C=\dfrac{2M_{\text{e}}l^2}{81EI}(\downarrow)$

(c) $\Delta_A=-2.23\times10^{-3}\ \text{m}(\uparrow)$, $\theta_A=5.51\times10^{-3}\ \text{rad}(\curvearrowright)$, $\Delta_C=1.34\times10^{-2}\ \text{m}(\downarrow)$

***3–19** (a) $\Delta_{AB}=\dfrac{5Fa}{3EA}(\leftarrow\!\!\rightarrow)$, $\Delta_{CD}=\dfrac{\sqrt{3}\,Fa}{3EA}\left(\begin{smallmatrix}\downarrow\\[-2pt]\uparrow\end{smallmatrix}\right)$

(b) $\Delta_C=\dfrac{2Fa}{EA}(2+\sqrt{2})(\downarrow)$, $\Delta_B=\dfrac{4Fa}{EA}(\rightarrow)$

***3–20** (a) $\Delta_{Dy}=\dfrac{2Fa^3}{EI}(\downarrow)$, $\Delta_{Dx}=\dfrac{Fa^3}{2EI}(\rightarrow)$, $\theta_D=\dfrac{3Fa^2}{2EI}(\curvearrowright)$

(b) $\Delta_{Cy}=\dfrac{8\sqrt{2}\,Fa^3}{9EI}(\uparrow)$, $\Delta_{BC}=\dfrac{8Fa^3}{3EI}(\nwarrow)$

(c) $\Delta_C=\dfrac{ql^4}{2GI_{\text{p}}}+\dfrac{11ql^4}{24EI}(\downarrow)$

在平行于纸面的平面内：$\theta_{C1}=\dfrac{ql^3}{2GI_{\text{p}}}+\dfrac{ql^3}{6EI}(\circlearrowright)$

在垂直于纸面的平面内：$\theta_{C2}=\dfrac{ql^3}{2EI}(\circlearrowleft)$

***3–22** (a) $w_B=\dfrac{5Fl^3}{96EI}(\downarrow)$, $\theta_A=\dfrac{5Fl^2}{16EI}(\circlearrowleft)$

(b) $w_B=\dfrac{5Fa^3}{9EI}(\downarrow)$, $\theta_A=\dfrac{Fa^2}{2EI}(\curvearrowright)$

***3–23** $\theta_A=\dfrac{\alpha_l l(t_2-t_1)}{2h}(\circlearrowright)$, $w_C=\dfrac{\alpha_l l^2(t_2-t_1)}{8h}(\downarrow)$

***3–24** $F_{\text{u}}=\dfrac{bh^2}{l}\sigma_{\text{s}}$

第 四 章

4-1 （1）取图 c 所示简图较合理

（2）求欧拉临界力的方程为 $\dfrac{k_2}{k_1}\tan(k_1 l_1)\tan(k_2 l_2)=1$，亦即满足

$$\sqrt{\dfrac{I_1}{I_2}}\tan\left(\sqrt{\dfrac{F}{EI_2}}l_2\right)\tan\left(\sqrt{\dfrac{F}{EI_1}}l_1\right)=1 \text{ 的 } F \text{ 为 } F_{cr}$$

（3）$F_{cr(c)}=\dfrac{\pi^2 EI_1}{4.88 l_1^2}$，$\dfrac{F_{cr(c)}}{F_{cr(b)}}=0.82$

4-2 求欧拉临界力的计算公式为 $(2-3\cos kl)\sin kl + kl\cos 2kl = 0$，

由此得 $F_{cr}=\dfrac{\pi^2 EI}{(2.52 l)^2}$

4-3 $F_{cr}=\dfrac{\pi^2 EI}{(4l)^2}$

4-4 整个分析无误

4-5 （1）$\delta = e\left(\dfrac{1}{\cos\sqrt{\dfrac{F}{EI}}l}-1\right)$

（2）$M_{\max}=\dfrac{Fe}{\cos\sqrt{\dfrac{F}{EI}}l}$

（3）$\sigma_{\max}=-\dfrac{F}{A}-\dfrac{Fe}{W\cos\sqrt{\dfrac{F}{EI}}l}$

4-6 （1）$\delta=\dfrac{F_1 l}{F}\left(\dfrac{\tan\sqrt{\dfrac{F}{EI}}l}{\sqrt{\dfrac{F}{EI}}l}-1\right)$

（2）$M_{\max}=F_1 l\dfrac{\tan\sqrt{\dfrac{F}{EI}}l}{\sqrt{\dfrac{F}{EI}}l}$

（3）$\sigma_{\max}=-\dfrac{F}{A}-\dfrac{F_1 l}{W}\dfrac{\tan\sqrt{\dfrac{nF}{EI}}l}{\sqrt{\dfrac{nF}{EI}}l}$，

强度条件为 $\dfrac{F}{A}+\dfrac{F_1 l}{W}\dfrac{\sqrt{\dfrac{nF}{EI}}l}{\sqrt{\dfrac{nF}{EI}}l}\le[\sigma]$，式中 n 为安全因数

4-7 最大正应力 7.42 MPa(压)

4-8 最大正应力 127.7 MPa(压)

第 五 章

5-1 $\Delta_{BC} = \dfrac{F}{2Eb}(3-\nu)$(伸长),$\gamma_{\angle ABC} = -\dfrac{\sqrt{3}\,F}{2Ebh}(1+\nu)$(增大)

5-2 $\varepsilon_1 = 3.19 \times 10^{-4}$, $\varepsilon_3 = -2.19 \times 10^{-4}$, $\alpha_0 = 10°54'$

5-3 $\varepsilon_1 = 750 \times 10^{-6}$, $\varepsilon_3 = -550 \times 10^{-6}$, $\alpha_0 = 11.3°$

5-4 $\varepsilon_1 = 420 \times 10^{-6}$, $\varepsilon_3 = -100 \times 10^{-6}$, $\alpha_0 = 11.3°$

5-5 $M_e = 19.6$ kN · m

5-6 $\sigma_x = 81.7$ MPa, $\sigma_y = -70.7$ MPa

5-7 $\varepsilon_1 = 8.57 \times 10^{-4}$, $\varepsilon_2 = 8.57 \times 10^{-4}$, $\varepsilon_3 = -5.72 \times 10^{-4}$,

$\gamma_{max} = 14.29 \times 10^{-4}$

5-8 $F = 20.1$ kN, $M_e = 109.5$ N · m

5-9 $\varepsilon_1 = 61.2 \times 10^{-5}$, $\varepsilon_3 = -15.1 \times 10^{-5}$, $\alpha_0 = 14.91°$

$\sigma_1 = 129.7$ MPa, $\sigma_2 = 4.73$ MPa, $\sigma_3 = 0$

5-10 $\sigma_1 = 14.5$ MPa, $\sigma_3 = -24.0$ MPa, $\alpha_0 = 33.6°$

5-11 $\varepsilon_x = 10 \times 10^{-4}$, $\varepsilon_y = -2.67 \times 10^{-4}$, $\gamma_{xy} = -16.17 \times 10^{-4}$

$\varepsilon_1 = 13.94 \times 10^{-4}$, $\varepsilon_3 = -6.60 \times 10^{-4}$, $\alpha_0 = -25°58'$

5-12 $\sigma_1 = 54.5$ MPa, $\sigma_2 = 0$, $\sigma_3 = -21.4$ MPa, $\alpha_0 = 5.68°$

第 六 章

6-1 $F_{Nd} = 90.6$ kN

6-2 $\sigma_{max} = 140$ MPa

6-3 $\sigma = 11.2$ MPa

6-4 $\Delta l = \dfrac{\omega^2 l^2}{3EAg}(3P + P_1)$

6-5 $[n] = 105.7$ r/min, $w_C = 24$ mm

6-6 $\sigma_{max} = 107$ MPa

6-7 (1) $\alpha = \arccos \dfrac{3g}{2\omega^2 l}$

(2) $M(x) = \dfrac{P}{4l^2}(l-x)^2 x \sqrt{1 - \left(\dfrac{3g}{2\omega^2 l}\right)^2}$

$M_{max} = \dfrac{Pl}{27}\sqrt{1 - \left(\dfrac{3g}{2\omega^2 l}\right)^2}$

6-8 $\tau_{max} = 20$ MPa

6-9 $\sigma_{max} = 134$ MPa

6-10 $w_A = 74.3 \text{ mm}, \sigma_{max} = 167.3 \text{ MPa}$

6-11 $\sigma_{max} = 16.9 \text{ MPa}$

6-12 $\sigma_{max} = 141.5 \text{ MPa}$

6-13 $\sigma_d = \dfrac{P}{A}\left[1 + \sqrt{\dfrac{v^2}{g\left(\dfrac{Pl_1^3}{3EI} + \dfrac{Pl_2}{E_s A}\right)}}\right]$

***6-14** $\tau_{max} = 331 \text{ MPa}$

***6-15** （1）$M_B(M_D) = -M_A(M_C) = \dfrac{\rho b \delta R^3 \omega^2}{4}$

（2）$\Delta_{AC} = \dfrac{2\rho R^5 \omega^2}{E\delta^2}$

6-18 $\Delta\sigma = 114 \text{ MPa}, \ |\Delta\sigma| = 117.7 \text{ MPa}$

第 七 章

7-1 $\sigma = 500 \text{ MPa}$

7-2 $K_1 = 149.4 \text{ MPa} \cdot \text{m}^{\frac{1}{2}}$

索　引
（按汉语拼音字母顺序）

Synopsis

The first edition of this book was published in April of 1979, the second in April of 1987, the third in September of 1994, the fourth in August of 2002 and the fifth in July of 2009. The third edition of this book was awarded a 1st grade prize of the outstanding textbooks for undergraduate courses in Chinese universities by the Commission of Education of P.R. of China in 1996, and was also selected by some universities in Taiwan and Hongkong. For this reason, a science book company had published the third edition in original complex form of Chinese characters. Based on the formal textbooks, from the fourth edition the original two parts of the textbook was divided into two individual books titled "Mechanics of Materials (I)" and "Mechanics of Materials (II)", maintaining the chief features of the earlier editions, such as plentiful content; clear interpretation of the principles; and close relation with engineering practice. In the sixth edition, some multimedia materials were added to help the reader understand some of the difficulties and key issues of this book.

"Mechanics of Materials (I)" gives the chief ingredients and basic concepts of Mechanics of Materials, and can be used as a textbook for students who take a shorter undergraduate course. In "Mechanics of Materials (II)" more advanced knowledge is included to meet with the requirement of people who take more advanced course or have ability to study in-depth.

"Mechanics of Materials (I)" has 9 chapters: induction and basic concepts; axial loading; torsion; bending stresses; displacements of bending beam; simple statically indeterminate problems; stress state and failure criteria; combined deformation and analysis of connections; and stability of column.

"Mechanics of Materials (II)" includes 7 chapters: further investigation in bending problem; plastic limit analysis; energy methods; further investigation in stability of column; analysis strain and basis strain-gage measurement; dynamic load and alternative stress; and further studies in mechanical behavior of materials.

The presented textbooks are written for the undergraduates majoring in civil and hydraulic engineering, but they can also be selected as the reference books for person specialized in other fields.

Contents

作者简介

孙训方(1923—2000),西南交通大学教授。1945年毕业于西南联合大学土木系,获工程学士学位,随后在清华大学任助教。1948年赴美国哈佛大学工程研究生院学习,获科学硕士学位。1949年9月新中国成立前夕毅然回国。一直在西南交通大学(原唐山铁道学院)任教,长期担任数理力学系副系主任及材料力学教研室主任。1981年被国务院批准为首批博士生导师,1988年成为博士后指导专家,1989年被评为铁道部优秀教师,1991年被评为四川省优秀博士生导师,1993年起享受国务院政府特殊津贴。

历任中国力学学会第一、二、三届副理事长,第四、五届名誉理事,全国高等学校工科力学课程指导委员会副主任委员,中国反应堆结构力学专业委员会主任,四川省力学学会副理事长,四川省机械工程学会常务理事,四川省高校高级职称评委会委员及力学评审组组长,四川省科技顾问团成员等。

毕生从事于力学教学与科研工作,致力于力学在工程实际中的应用。尤为我国断裂力学的开创、发展和工程应用作出了不朽的贡献。在损伤力学和材料本构关系领域中的研究成果为世人瞩目。1957年起先后出版主编的材料力学教材4套、译著4本,发表学术论文近100篇。曾获全国科学大会奖、国家教委科技进步二等奖和四川省优秀教学成果一等奖。1996年《材料力学》(第3版)获国家教育委员会第三届全国普通高等学校优秀教材一等奖。二十余年来为国家培养了硕士生、博士生和博士后数十位,其中大多成为所在单位的学术带头人或业务骨干。